大数据背景下
城市数字标牌精准选址方法

张珣 著

清華大学出版社
北京

内 容 简 介

数字标牌是城市信息共享和公共服务的新型传播媒介，是促进数字经济发展的催化剂。大数据背景下的数字标牌的精准推荐是高效利用资源、实现投放效益最大化的关键。本书在经验区位选址理论基础上，扩展基于地理空间智能的选址方法，耦合多源影响因子构建城市数字标牌精准推荐模型。本书将进一步完善城市数字标牌布局与投放的理论支撑，为后疫情时代地理大数据与空间智能技术赋能数字经济提供新的思路和典型案例。

本书可以供高等院校计算机、地理信息科学、管理学等相关专业学生阅读，同时也可供相关领域的科技工作者参考。

图书在版编目(CIP)数据

大数据背景下城市数字标牌精准选址方法/张珣著. —北京：清华大学出版社，2022.7
ISBN 978-7-302-60944-5

Ⅰ. ①大… Ⅱ. ①张… Ⅲ. ①计算机应用－城市空间－空间规划 Ⅳ. ①TU984.11-39

中国版本图书馆 CIP 数据核字(2022)第 092323 号

责任编辑：袁勤勇　杨　枫
封面设计：傅瑞学
责任校对：郝美丽
责任印制：朱雨萌

出版发行：清华大学出版社
网　　址：http://www.tup.com.cn，http://www.wqbook.com
地　　址：北京清华大学学研大厦 A 座　　**邮　　编**：100084
社 总 机：010-83470000　　**邮　　购**：010-62786544
投稿与读者服务：010-62776969，c-service@tup.tsinghua.edu.cn
质量反馈：010-62772015，zhiliang@tup.tsinghua.edu.cn
课件下载：http://www.tup.com.cn，010-83470236
印 装 者：三河市金元印装有限公司
经　　销：全国新华书店
开　　本：185mm×260mm　　**印　张**：7.75　　**字　　数**：170 千字
版　　次：2022 年 7 月第 1 版　　**印　　次**：2022 年 7 月第1 次印刷
定　　价：46.00 元

产品编号：063374-01

前言

数字标牌是城市信息共享和公共服务的新型传播媒介，是促进数字经济发展的催化剂，是继报纸、电视、广播、互联网之后的“第五媒体”。目前，数字标牌已被广泛应用于金融、能源、医院、企业、超市、交通、公共场所等各种领域，并且在各个行业发挥着举足轻重的作用。随着人工智能、“互联网＋”等诸多新技术的发展，数字标牌正在发生智慧性的变革，也面临着新的机遇。

数字标牌的精准推荐是高效利用资源、实现投放效益最大化的关键，其涉及两方面：一是标牌位置的合理布局；二是广告主题内容的精准投放。数字标牌合理布局和广告精准投放的核心要素就是空间位置，空间化、智能化思维对数字标牌选址具有决定性作用。鉴于数字标牌的商业属性，其选址亦属于典型的区位选址范畴，但与传统选址过程相比，数字标牌选址更具动态性、智能性、可视性，其数据规模、模型精度以及响应时效都对选址方法提出了更高的挑战。数字标牌精准推荐研究是涉及地理学、计算机科学、广告学、管理学的交叉研究，传统区位选址方法已经不能满足数字标牌选址的迫切需求，第四科学范式下的地理空间智能技术为时空大数据背景下的数字标牌位置推荐与预测提供了新方法。

本书在经验区位选址理论基础上，扩展基于地理空间智能的选址方法，耦合多源影响因子构建城市数字标牌精准推荐模型。本研究的开展将进一步完善城市数字标牌布局与投放的理论支撑，形成兼顾精度和可解释性的城市数字标牌精准推荐方案，增强数字标牌选址与广告营销的精准性，为后疫情时代的数字经济发展提供一定程度上的技术支撑。

本书共7章，第1章为绪论，主要介绍数字标牌的基本概念、发展趋势、研究现状以及展望等；第2章介绍基于多尺度区位因子，构建数字标牌指标体系；第3章对数字标牌空间结构特征进行分析和研究；第4章介绍基于内容推荐算法的数字标牌位置推荐模型；第5章介绍集优 Huff 模型与预测方法的数字标牌位置优选模型；第6章介绍融合神经网络和 Huff 模型的数字标牌主题优选模型；第7章对本书进行总结并提出研究展望。读者可以扫描插图相应的二维码观看彩图。

本书由北京工商大学专项项目（人才培养质量建设—学科建设—计算机学院学科建设）以及国家自然科学基金青年项目（42101470）资助。在此，感谢北京工商大学给予的支持。感谢给予本书修改意见的评阅专家，尤其要感谢万玉钗副教授为本书提供的帮助。同时也感谢参与本书研究和编写工作的谢小兰、王雨雪、马广驰、赵瑞芳、梁春芳、毛珩懿和张佳亮，他们不仅是本书各章节具体研究内容的执行者，也在本书的撰写过程中承担了大量工作。

由于作者水平有限，书中难免存在不足之处，欢迎读者批评指正。

张　珣

2022年3月

目录

第1章 绪论 …… 1

1.1 数字标牌概述 …… 1

1.1.1 数字标牌简介 …… 1

1.1.2 智能化数字标牌 …… 3

1.1.3 数字标牌相关研究 …… 4

1.2 大数据时代的数字标牌精准推荐 …… 8

1.3 数字标牌位置推荐方法 …… 10

1.3.1 推荐算法原理与分类 …… 10

1.3.2 常用位置推荐方法 …… 15

1.4 数字标牌广告主题优化 …… 17

1.4.1 问题转换方法原理 …… 18

1.4.2 问题转换方法的典型算法 …… 20

1.4.3 算法适应方法原理 …… 21

1.4.4 算法适应方法的典型算法 …… 22

1.5 城市数字标牌发展 …… 23

1.6 本书主要内容与创新 …… 25

1.6.1 研究内容 …… 25

1.6.2 技术路线 …… 26

1.7 本章小结 …… 27

第2章 数字标牌多尺度区位因子构建 …… 28

2.1 研究区与研究数据 …… 28

2.1.1 研究区 …… 28

2.1.2 数据需求和来源 …… 28

2.2 数据多尺度空间化 …… 30

2.3 数据相关性分析 …… 33

2.4 本章小结 …… 34

第3章 数字标牌空间结构特征研究 …… 35

3.1 研究方法 …… 35

3.1.1 点模式分析方法 …… 35

3.1.2 空间等级性划分方法 …… 38

3.2 数字标牌空间分布特征 …… 41

3.3 数字标牌等级性特征 …… 44

3.4 数字标牌影响因素分析 …… 50

3.5 本章小结 …… 51

第4章 基于内容推荐算法的数字标牌位置推荐模型 …… 52

4.1 引言 …… 52

4.2 要素区域划分 …… 53

4.3 数字标牌位置推荐 …… 54

4.3.1 影响因素权重计算 …… 54

4.3.2 基于内容的推荐算法 …… 55

4.3.3 数字标牌位置推荐计算 …… 56

4.4 实验与分析 …… 56

4.4.1 评价指标 …… 56

4.4.2 区域划分结果 …… 57

4.4.3 位置推荐结果 …… 59

4.5 本章小结 …… 64

第5章 集优Huff模型与预测方法的数字标牌位置优选模型 …… 65

5.1 基于Huff模型的数字标牌位置初步筛选 …… 65

5.2 基于机器学习方法的数字标牌位置精细筛选 …… 66

5.3 实验与分析 …… 72

5.3.1 评价指标 …… 72

5.3.2 初步选址结果 …… 73

5.3.3 精细选址结果 …… 75

5.3.4 位置优选结果 …… 78

5.4 本章小结 …… 81

第6章 融合神经网络和Huff模型的数字标牌主题优选模型 …… 82

6.1 引言 …… 82

6.2 BP多标签分类模型 …… 83

6.2.1 BP分类模型 …… 83

6.2.2 改进的 BP 分类模型 …… 84
6.3 基于 Huff-BP 的多标签分类模型 …… 85
6.3.1 改进的 Huff 模型 …… 85
6.3.2 基于 Huff-BP 多标签模型构建 …… 86
6.4 实验与分析 …… 87
6.4.1 评价指标 …… 87
6.4.2 模型评价 …… 88
6.4.3 结果分析 …… 91
6.5 本章小结 …… 99

第 7 章 主要结论及展望 …… 100

7.1 主要结论 …… 100
7.2 研究展望 …… 101

附录 A 主要缩略词含义 …… 102

参考文献 …… 104

第1章 绪论

1.1 数字标牌概述

1.1.1 数字标牌简介

数字经济是新一代信息技术与实体经济深度融合产生的一种新的经济形态。2019年，我国数字经济的增加值达到35.8万亿元，占GDP(Gross Domestic Product，国内生产总值)比重超过1/3，在国民经济中的地位进一步凸显[1]。在常态化疫情防控背景下，数字技术将引领新一轮经济周期，成为经济发展的新引擎。李克强总理在政府工作报告中明确提出“加快数字化发展，打造数字经济新优势，协同推进数字产业化和产业数字化转型，加快数字社会建设步伐，建设数字中国。”[2]

数字标牌(见图1.1)是指在城市公共空间通过数字终端显示设备，发布多媒体的专业视听系统[3-4]。数字标牌作为城市广告的重要载体，是数字经济发展的催化剂，是继报纸、电视、广播、互联网之后的“第五媒体”。在城市化的发展过程中，通过无线网络(4G/5G)与多媒体技术的融合，数字标牌作为城市传感器，通过发布信息，及时与受众反馈互动，已经遍布城市的每个角落，是智慧城市建设的重要组分。

图1.1 数字标牌示例

为了助力智慧城市的构建，数字标牌已被广泛应用于金融、能源、医院、企业、超市、交通、公共场所等各种领域，并且在各行业发挥着举足轻重的作用。与互联网广告、电视广告等相比，数字标牌广告能够呈现出更优的受众体验，且维护成本较低，为市场营销提供了优选的解决方案。数字标牌的发展历程（见表 1.1）经历了单机版、网络版、智能版 3 个阶段，解决方案日趋成熟、应用价值不断提升。2008 年以来，我国的户外大型数字标牌得到飞速发展，各项技术和产品应运而生。随着城市亮化工程的提出和落实，户外数字标牌的市场认可度逐年提升，其扩张速度也随之增长。据洛图科技（RUNTO）发布的数据显示，2020 年户外大型数字标牌市场规模接近 153 亿元，与同期比微增 0.3%，显示屏业内预计，未来五年户外大型数字标牌市场的年增长率保持在 10%以上，2025 年市场规模预计达 270 亿元以上，如图 1.2 所示。

表 1.1　数字标牌的发展历程

阶　段	时　　间	概　　述	用　　途
数字标牌批量化生产阶段（单机版）	2008 年以前	在 2008 年之前，数字标牌刚刚进入大众视野，此时的数字标牌较为简单，多为单机播放模式，该阶段更为注重数字标牌的批量化生产，主要作用为提供产品营销与广告应用	信息展示
数字标牌大规模应用阶段（网络版）	2008—2015 年	在此阶段，数字标牌出现于各类大型活动中，政府与相关机构开始运用数字标牌，从单机版逐步过渡到网络版。网络化广告分发系统、广告排期系统等工作逐步开展	广告应用、信息展示
数字标牌智能化管理阶段（智能版）	2015 年至今	2015 年至今，数字标牌越来越智能，在政府、企业办公楼、服务窗口等场景广泛应用，可实现与人交互、搭载传感器进行数据采集、人脸识别等智能化操作	场景营销、大数据采集、交互、人脸识别

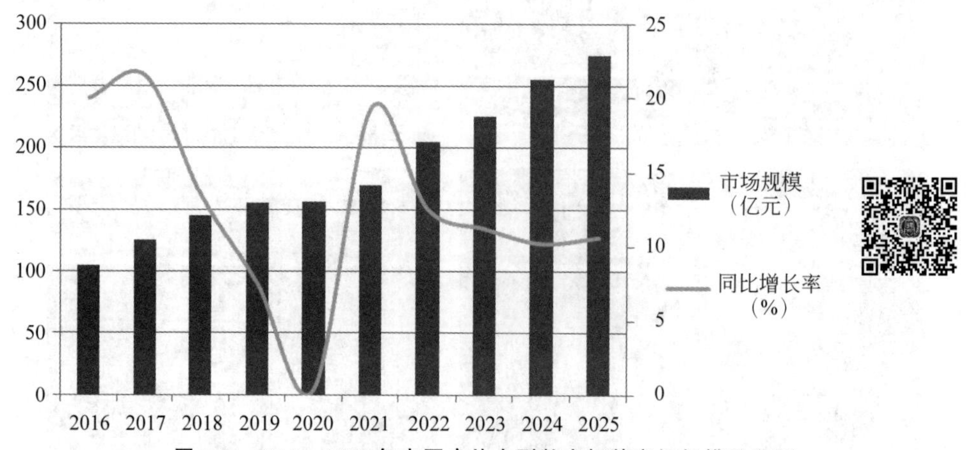

图 1.2　2016—2025 年中国户外大型数字标牌市场规模及预测

1.1.2 智能化数字标牌

随着数字经济转型脚步不断加快，我国数字标牌市场一片欣欣向荣，在人工智能、移动互联网、大数据技术等多项新一代信息技术融合的背景下，数字标牌行业正在发生智慧性的变革，面临着新的发展机遇。

在发展初期，数字标牌领域一直处于单纯以信息发布的显示功能为主的初级阶段，数字标牌的使用者可以利用此设备展示他们希望呈现给受众的信息。经过多年的发展和技术的不断迭代，数字标牌朝着智能化方向不断发展。智能化数字标牌不再只是用一个画面呈现动态的海报与仅满足单一的信息展示的功能，智能化的数字标牌将信息展示的内容从面向大众转变为千人千面，在海量的内容中可以根据目标群体的数据采集与处理，推送个性化的信息。

在2019年Isobar进行的研究中发现，全球29%的公司表示目前正在使用人工智能技术给用户提供更个性化的体验，另有46%的公司表示预计将来会使用人工智能(AI)技术。未来人工智能技术与数字标牌的结合，不但可以增强数据的准确性，还能更好地读取和分析数据。根据《全球购物者趋势报告》得知，有37%的用户表示，获得个性化服务是体验中最有价值的方面，而人工智能和数字标牌结合的解决方案在刺激消费者行为方面起着关键作用。

在5G环境下，随着受众目标检测等多种技术的不断进步，智能化数字标牌已经在各领域内不断延伸，应用于多种场景，如商业营销、政府、企业办公、交通出行等，触达不同层级的受众。典型的应用案例如下。

(1) 荷兰Moco博物馆的客流量呈起伏状态，为了保持稳定的客流量，其采用数字标牌定向投放广告。将售票处作为数据来源，实时获取游客数量值，并基于游客数量值动态触发数字标牌的广告。当游客数量超过参观容纳量时，暂停广告投放；当门票销量下降时，则向附近游客投放广告，吸引游客前往博物馆参观，定向投放的数字标牌在为如何充分发挥博物馆容纳能力方面提供了新的思路。数字标牌通过间接的方式利用数据引导资源发挥作用，推动数字经济发展。

(2) 2015年日本服装零售品牌UNIQLO将其商店内的数字标牌与移动应用程序微信(WeChat)进行交互，推动了一次其品牌针对中国市场的促销活动。当顾客在数字标牌前试穿衣服时，会显示出不同的背景，仿佛顾客置身于东京和伦敦的美景之中。之后显示器会将照片发送到微信，然后人们可以选择是否对其进行分享，其中约有1/3收到照片的顾客选择通过微信或其他渠道进行分享。通过该应用的推出，相关重点服装项目的销量同时增加了30%，并且据统计UNIQLO的粉丝量在此次活动中增加了60万人。此后，UNIQLO逐渐发展壮大，至今粉丝人数3000多万。

(3) 在第十一届全国运动会泰安赛区的比赛中，泰安市气象局将数字标牌技术应用在气象预警服务中[5]，通过互联网实现了视频、图片、文字、文档等多媒体气象服务信息的远程播放，及时提供天气的最新信息。

(4) 南非数字标牌解决方案机构Moving Tactics与当地的新零售企业合作，将天气信息与餐厅数字标牌相结合，结合天气信息的数字菜单标牌能够基于外部实时天气改变在餐厅中显示的菜单项。在凉爽的天气时，暖和的美食菜单项将被提升和显示在菜单板上，同时，冷冻饮料和沙拉将被降低优先级。基于天气的菜单标牌为客户提供了更多选择以及更实用和相关的食物选择。

(5) 人脸跟踪和识别技术与数字标牌相结合，为用户提供个性化的广告主题方案。通过摄像头采集广告牌前的人群视频信息，对其进行自动分析，识别出人们的面部表情(开心、一般或难过)以及性别，同时获取客户的驻留时间，将这些信息实时传送给信息交互平台。信息交互平台根据上述信息对终端广告的主题方案进行评估和调整，为客户提供个性化的广告主题。

1.1.3 数字标牌相关研究

目前，以数字标牌为研究对象的研究工作主要集中在管理学科对数字标牌消费者行为学的研究，以及信息类学科对数字标牌内容分发系统建设以及基于计算机视觉技术的受众特征识别研究，地理学对数字标牌有关研究相对较少。

1) 数字标牌消费者行为学研究

科学合理的数字标牌布设可以促进零售氛围，刺激消费行为，提高表征内容价值。例如，Dennis C 等[6]通过结构化的调查问卷结合有限性容量模型，对比数字标牌安装前后商场销售额变化，表明了数字标牌对商场的销售氛围产生积极影响进而增加了消费者的满意程度。其将数字标牌看作一个有效的、可控制的店内体验提供者，通过丰富审美感官和辅助购买决策等来发挥作用，被唤起的体验会直接或间接地通过态度来积极影响消费者对广告的接近行为。唤起情感体验的数字标牌广告可以有效地提高消费者从广告商和刊登数字标牌广告的商店购物的意向。此外，数字标牌广告还能增加消费者在商店里的预期停留时间。最后，数字标牌广告对那些第一次到店的购物者更有吸引力，因此数字标牌广告可以增强消费者再次到店的意愿。Alfian 等[7]提出基于实时数据处理和关联规则的数字标牌在线商店(DSOS)客户行为分析方法。利用基于大数据技术(如 NoSQL MongoDB 和 Apache Kafka)的实时数据处理方法来处理海量的客户行为数据，包括客户的浏览历史和交易数据，利用关联规则从顾客行为中提取有用信息，为管理者提高服务质量提供依据，协助管理层做出决策，例如改善数字标牌的布局，以及向客户提供更好的产品建议等方面。此外，在当今不断变化的零售环境中，数字标牌在线商店实时分析顾客行为有助于更有效地吸引和留住顾客，从而让零售商获得竞争优势。

另外，Yoon S 等[8]研究了可交互式的短距离室内定位方法，进而形成个性化的数字标牌播放内容，其以智能手机的传感器网络系统为基础，利用短距离无线通信的便利性模型和 GPS(Global Positioning System，全球定位系统)传感器的定位服务，研究了短距离定位方法。根据不同的变量对展示策略和系统进行重新组合，这些变量可以区分和分割垂直方向，根据用户需求提供个性化的显示内容。其中，由于智能手机具有不受限制的移动性，从而扩大了信息交换空间，所以信息收集的途径没有物理上的限制。

此外，还设计了基于位置的数字标牌系统，以提供有效反馈的个性化信息，通过使用BLE(Bluetooth Low Energy，蓝牙低能耗)的定位技术来有效地定位广告消费者。根据消费者个性化内容的优先顺序进行安排，并利用人们的意愿目标和环境可接受的移动性因素，开发应用程序，为数字标牌提供多变的内容信息。不仅可以使文化内容的利用和有效传递超越时间和空间，而且还可以提升广告文化内容的质量和有用性价值。Ijaz MF 等[9]通过对数字标牌的人机交互设计进行商品的布局，开发并测试了3种布局，分别是树状布局、管状布局和引导路径布局。在树状布局中，消费者通过从产品类别到产品子类别，最后到最终产品的层次结构来探索在线商店。主页按钮鼓励消费者通过一个中心或使用前向栏访问产品类别。管状布局的主要目的是让消费者能够自由地向商店的任何方向移动。消费者可以通过使用搜索引擎，在商店的每个搜索结果页面上操作提供的多个链接，同时查看自己喜欢的产品。该布局的主页和搜索按钮有助于浏览和提供方便的商店导航。引导路径布局在每个网页上利用了两个在线路径，系统引导消费者通过特定的路径导航，这样消费者就可以到达他们想要到达的页面。结果表明，树状布局方式能够给消费者提供更多的便利，管状布局能够增强消费者的购物体验。树状布局和管状布局的混合使用更高效。

2）数字标牌内容分发系统建设及受众特征识别研究

数字标牌逐渐普及，它的优点是能够根据每天的时间、地点和安装环境动态地显示内容信息。然而，高并发大数据量的内容分发服务成为数字标牌发展亟待解决的技术问题。Inoue H 等[10]利用网络渐进传输方法提出了一种自动内容分发算法，可将广告文件分发到指定地点的数字标牌。其为现有的、可用的内容建立了一个分配模式，将本地内容与数字标牌联系起来进行分配。该方案采用了“一源多用”的方法，涉及在多种媒体上使用同一来源的信息。然后自动获取数据库中的本地内容，并将其注册到数字标牌数据库中，利用标牌的特殊性，在数字标牌上显示出来。在此基础上，设计研发了原型系统，并将其应用于有轨电车数字标牌的现场试验中。原型系统包括内容管理功能、位置接收器功能、分发处理功能、触发检测功能，以及接收器处理功能、本地文件和内容显示功能、位置数据采集和传输功能等。此外，还实现了附加的自动分发功能，包括自动内容收集、内容处理和自动调度功能。从手机广告网站上的真实内容自动创建和分发内容到数字标牌。该方法的优点是随着内容项目数量的增加，制作数字标牌内容的成本不会增加，这使得长期低成本运营成为可能。一般来说，数字标牌服务提供商/运营商倾向于管理大量终端。为了提供一致的数字标牌服务，除直播外，所有终端都需要按时准备好展示前的内容。如果将内容分发到大量的终端上，可能需要大量的时间。为了准时展示，运营商倾向于花费一定费用使用 CDN(Content Delivery Network，内容分发网络)服务。Hyun W 等[11]提出了一种数字标牌 P2P(Peer-to-Peer，点对点)对等化网络分发方法，可以减少内容的传递时间，减少服务提供商成本，文中描述了数字标牌的标准化现状，并描述了使用 P2P 技术传递标牌内容的几个考虑因素。一是内容交付的鲁棒性，在数字标牌服务中，不能保证所有的终端都有相同的网络容量，因为标牌终端分散在各个地方。一般来说，数字标牌服务提供商已经知道终端的特点和位置。利用这些信息来规划内容分配是非常有用的。二是内容分发的时间表，内容分发服务器为分发标牌内容创建时间表或计划。这个内容分发时间表包含对等列表、内容列表、每个内容的时间限制、替代交付方法等。三是交付方法的选择，当选择一个对等点交换内容切片时，每个对等点需要根据其当前状态选择最合适的对等点。如果有足够的时间，首先尝试P2P的方法，如果有紧急情况，会尝试替代服务器。由于基于P2P的内容传递方式在所有对等体之间交换内容，因此与基于服务器-客户端模型相比，可以减少内容传递的时间。这将降低数字标牌服务提供商的成本。

为了有效评价数字标牌信息传递的有效性，人们把数字标牌的受众暴露度作为其关键参数进行研究。Batagelj B 等[12]将数字标牌与计算机视觉技术相结合，为户外广告提供了一个有效的平台，可以提供准确的受众测量数据。计算机视觉方法对人们在数字显示器前的行为进行人脸检测、分类和识别，可以提供一些客观数据（如年龄、性别等人口统计学数据）。这种智能数字标牌系统可以产生实时数据，可以使用计算机视觉方法分析每个给定时间段内的观众，估计观众的数量和他们的资料（性别、年龄、情绪或活动），实时进行受众分析，还可以实时调整显示的内容，以适应实际观众，实现简单的非接触式人机交互。Ravnik R 等[13]通过搭载增强型相机运用计算机视觉算法提取受众停留时间、观看时间，提出了一个利用计算机视觉对数字标牌受众测量的定量研究。开发了一个摄像头增强型数字标牌显示器，通过计算机视觉算法获得观众测量指标，包括人的停留时间、显示的观看时间和注意时间等时间指标，以及性别和年龄组的人口统计指标。为将这些指标应用于数字标牌，开发了一套实时观众测量系统，该系统基于计算机视觉方法，从视频中检测和跟踪人脸。视频由数字标牌屏幕上的数码相机拍摄。其数字标牌显示器由4个视频分析模块组成，每个模块用于确定一个指标。物体分割被用来确定每个进入商店的观察者的停留时间。采用正面人脸检测算法来确定观察者是否正对显示器，确定观察者的观看时间。观察者头部的方向是决定注意力时间的核心参数。年龄和性别等人口统计指标分为7个年龄组，并利用支持向量机（Support Vector Machine，SVM）分类器对性别和年龄组进行分类，以针对不同的性别和年龄来播放数字标牌内容。Solina F 等[14]介绍了一种交互式、内容感知和成本效益高的数字标牌系统的开发。利用安装在数字标牌显示器内的单目摄像机，使用实时计算机视觉算法来提取观察者的时间、空间和人口特征，这些特征被进一步用于针对观察者的数字标牌广播内容。观察者的数量由人脸检测算法获得，而人脸图像则使用多视图主动外观模型进行注册。观察者与系统的距离是通过登记的脸部的瞳孔间距离来估计的。人口统计学特征，包括性别和年龄组，是使用SVM分类器确定的，以实现针对观察者的个人选择和适应数字标牌广播内容，并描述了自适应数字标牌系统的设计、实现和使用。基于可实时执行的观众自适应数字标牌系统的功能需求，确定了其组成部分和整体架构，设计和开发了3个主要模块，模块1用于观察者的空间和时间定位，模块2用于观察者的人口统计特征，模块3用于内容感知广播。

数字标牌受众的生物特征识别在数字标牌应用分析中起着关键作用。Farinella

GM 等[15]探讨了数字标牌应用中的人脸重识别问题,描述了一个采用正面人脸检测技术和重新识别机制的框架。该框架基于在一个时间段内学习到的人脸集合和用户出现在屏幕前时收集的人脸斑块集合之间的相似度。人脸经过预处理,以消除几何和光度的变化,并以局部三元模式的空间直方图表示,用于重新识别。当一个被重新识别的用户出现在智能屏幕前时,这一信息对自动选择要显示的广告活动有很大影响。Ravnik R 等[16]介绍了一种基于受众测量数据的店内消费者行为自动建模的新方法。其使用机器学习方法对真实世界的数字标牌观众数据进行预测,以预测零售环境中的消费者行为,特别是面向购买决策过程和购买情境中的角色。受众自适应数字标牌是一种新兴的技术,它通过公共广播展示来调整其内容以适应受众的人口统计和时间特征。收集到的观众测量数据可作为收视模式、互动显示应用程序的统计分析的独特基础,也可用于进一步的研究和观众建模。实验结果表明,在受控环境下,观众数据可以用来预测购买决策。同样的模型加上额外的启发式特征也可以用来预测更多独有的特征,如个人在购买决策过程中的角色。另外,Lee D.等[17]提出了一种基于计算机视觉的动态受众自适应的高性价比数字标牌系统,使用相机连接 Raspberry Pi 开源平台,利用计算机视觉算法提取观众的面部特征,与观众进行实时互动。实时面部特征是用 Haar Cascade 算法提取的,用于动态数字标牌内容的受众性别渲染。其提出的方法是将摄像机捕捉到的数字图像通过数字标牌软件进行实时处理,提取观众的时间、空间和人口特征,通过将确定的特征与预定义的内容描述符进行比较,显示软件自动选择并广播与检测到的观众相关的内容。该摄像机内置在设计的系统上,用于与观察者频繁地交互用户活动,采用基于 mixture-of-Gaussians 的背景建模设计背景分割,提取感兴趣的人脸前景区域,定义可能存在的观众。在背景分割图像上应用 Haar Cascade 人脸检测算法,区分面对显示屏的真正受众。利用 OpenCV 库对检测到的人脸图像进行配准,提取 66 个面部特征点,使用 66 个面部特征点并使用 SVM 分类器进行分类。根据分类的性别,利用受众的颜值衡量,在标牌显示器上显示特定受众的自适应内容。

以人工智能、大数据技术为代表的新兴技术促进了数字标牌终端管理、自动排期、内容分发、特征识别等智能化方法变革。陈炜等[18]通过深入研究和分析,提出了结合各种新需求,在原有软件环境基础上重新设计一个符合新形势下可平台化运营的富媒体信息发布系统的思路,包括重新设计工作流程、增加功能模块、重新设计后台系统架构,打造一款符合数字标牌制造型企业转型做综合运营商的信息发布系统,并且结合云计算 IaaS 的思想,对该信息发布系统的部署方法进行了论述。信息发布系统包括管理平台、应用服务、联网终端 3 部分,采用 B/S 与 C/S 相结合的模式。其中应用服务包括用户管理模块、终端管理模块、媒体文件管理模块、排期管理模块、任务管理模块和日志报表管理模块。随着数字标牌行业的快速发展,高分辨率的视频内容被用于数字标牌。在这种情况下,广告商希望使用超高清视频内容来宣传产品。Moon S W 等[19]提出了一种基于软件的超高清数字标牌内容编码器,它可以将画面分割成合适的形式,用于数字标牌显示系统的布局和管理分割画面的质量。该方法先将超高清数字标牌内容分割成若干块，然后再将每个块分割成若干片。通过并行编码，可以在短时间内对数字标牌内容进行编码，以适应多面板设备的布局。

纵观上述研究，有关数字标牌空间化、统筹化的研究相对薄弱，数字标牌空间优化设计缺乏理论依据和方法支撑。因此，本研究拟从地理学角度研究城市数字标牌位置的合理布局与广告精准投放，以期通过增加对空间思维的考量，完善其推荐算法。

1.2 大数据时代的数字标牌精准推荐

近年来，随着城市化进程加快和大数据技术迅猛发展，给数字标牌发展带来了革命性提升，数字标牌也为智慧城市建设做出了巨大的贡献，从纽约时报广场到伦敦皮卡迪利广场，从东京银座到上海外滩，现如今户外大型数字标牌已然成为了展示城市商业活力的一种标志，成为代言城市现代精神的载体、体现城市智能化的标志。数字标牌的精准推荐可以使资源有效利用，实现效益最大化[20]。数字标牌的精准推荐涉及两方面：一是标牌位置的合理布局，二是广告主题内容的精准投放。

不难发现，一些知名城市的地标性数字标牌普遍位于城市的交通枢纽或者繁华的商业中心，地理位置十分优越。例如：北京市朝阳区东大桥的世贸天阶、上海市花旗大厦的墙屏、重庆市解放碑商业大厦的数字标牌。这些地标性数字标牌项目巨大、资金投入高、建设周期长。尽管地标性数字标牌效果十分出众，能够制胜市场，但是单一的地标性数字标牌并不能满足行业发展的广泛需求。就当下而言，除了地标性的数字标牌，整个行业还是以众多零散分布的数字标牌为主，在竞争激烈的市场环境下，这些数字标牌并不具备成为地标性数字标牌的先天优势。它们的位置对于确保触达目标群体十分重要，所以数字标牌投放和布局需要在基于大数据的基础下实现创新，整合资源，规划投放，才能有效地避免资源浪费，实现精准投放的目标。合理布局的数字标牌才能实现良性发展，引导行业未来前景的繁荣。

除了标牌位置合理布局外，还需对广告主题内容进行精准化的投放，以实现数字标牌的精准推荐。目前大多数数字标牌系统是一个单向的、相对被动的交流媒介，缺乏实时感知、交互能力和反馈机制，具有一定的盲目性。少量数字标牌基于新兴技术为市场提供了个性化的服务，如英国某些购物中心的数字标牌系统可以通过人脸识别技术识别出顾客当前的情绪状况，并根据顾客情绪投放相应匹配的数字标牌内容，从而实现广告的精准投放，达到营销目的。在日本，研究人员通过为出租车车顶广告牌配备多种传感器，实时获取智能手机的 MAC(Media Access Control，媒体访问控制)地址，得到关于用户的匿名信息，包括年龄、性别等。通过整合与分析这些数据，对广告牌实现分年龄段与性别的精准预测投放。不仅如此，很多数字广告牌都安装了网络摄像装置，这样可以确定广告受众群体的相对年龄和性别，以及人均停留广告牌或观看广告牌的时间，广告商利用这些数据来衡量广告投放的效果，以更加合理地选择广告投放区域。数字标牌的精准推荐，推动着相关行业的发展，拉动了需求的增长，刺激了人脸识别、增强现实(Augmented Reality,AR)等新一代信息技术与数字标牌产业的结合发展,加快了创建“无处不在的数字标牌系统”的进程。

现有数字标牌推荐方法研究中存在位置与主题分离的问题[21]。数字标牌合理布局和广告精准投放的核心要素就是空间位置,空间化智能化思维对数字标牌选址具有决定性作用[21-26]。鉴于数字标牌的商业属性,其选址亦属于典型的区位选址范畴,但与传统选址过程相比,数字标牌选址更具动态性、智能性、可视性,其数据规模、模型精度以及响应时效都对选址方法提出了更高的挑战。目前数字标牌精准推荐方法面临的问题如下。

(1) 当前城市数字标牌的空间布局随机性强,缺乏科学统筹的理论支撑。由于传统的数字标牌的选址主要靠经验完成,存在时效性低、投放效果不明显等问题,已不能满足广大广告主和媒体商的利益需求[27]。更为突出的是,通过文献回顾以及市场调研可以发现:数字标牌以单机和人工分散布设为主,缺乏系统性、统筹性的理论与方法支持[28-31];同时,由于数字标牌行业重视硬件的大量生产和布设,忽视了标牌空间位置布局的科学性,造成了资源的严重浪费和视觉的污染,对城市管理也带来了极大挑战[32-36]。

(2) 基于时空大数据进行数字标牌广告内容的精准投放已得到广泛认同,但缺乏兼顾精度和可解释性的评估算法。随着社会化媒体的发展,互联网数据信息不断丰富(如新浪微博、链家网、大众点评、高德动态交通等数据),数字标牌在运营过程中也积累了大量的业务化广告以及系统日志等数据;基于互联网信息、广告运营数据等多源、多模态时空大数据进行数字标牌广告的精准投放成为本领域研究的热点问题之一。通过文献调研[37-42]发现,目前基于地理空间智能方法的选址模型是当下基于位置建模研究热点,选址方法相对高效但存在部分结果可解释性差的状况;同时,经验选址模型(如Huff模型等)存在难以融合多源数据以及难以定量化等问题。除此之外,对数字标牌的空间分布进行科学的、系统的研究,能够集约资源、节省成本,使媒体宣传达到事半功倍的效果[43]。进化算法相较于传统的优化方法存在自适应性、不依赖先验知识和全局优化等优点,可以应用于空间优化模型[44-47]。在有效提升进化算法的计算性能和模型求解效率方面,相关研究人员提出了很多优化算法[48-51]。进化算法被广泛应用于日常生产生活调度,甚至被应用于许多国内外重要的工程领域[52-59]。

数字标牌精准推荐研究涉及地理信息科学、计算机科学、广告学、管理学的交叉研究,传统选址方法已经不能满足数字标牌选址的迫切需求,第四科学范式下的地理空间智能方法为时空大数据位置推荐与预测提供了新方法[60-61]。因此,本书在经验区位选址理论基础上,扩展基于地理空间智能的选址方法,耦合多源影响因子构建城市数字标牌精准推荐模型。本研究的开展将进一步完善城市数字标牌布局与投放的理论支撑,形成兼顾精度和可解释性的城市数字标牌精准推荐方案,增强数字标牌选址与广告营销的精准性,为后疫情时代的数字经济发展提供一定程度上的技术支撑。

1.3 数字标牌位置推荐方法

1.3.1 推荐算法原理与分类

推荐系统的推荐流程通常如图1.3所示，它可以通过搜集的信息来对用户的喜好和需求进行分析，然后利用推荐算法对用户进行计算，从而发现与其喜好和需求相关的信息，进而实现对用户的个性化推荐。在推荐过程中，推荐算法起着无可替代的作用，不同的推荐算法有不同的工作方式，因此在推荐系统中推荐算法的设计部分至关重要。目前，推荐算法主要可以分为以下3类，分别是基于内容的推荐(Content-Based Filtering，CBF)算法、协同过滤(Collaborative Filtering，CF)推荐算法和混合推荐(Hybrid Recommendation，HR)算法[62]。

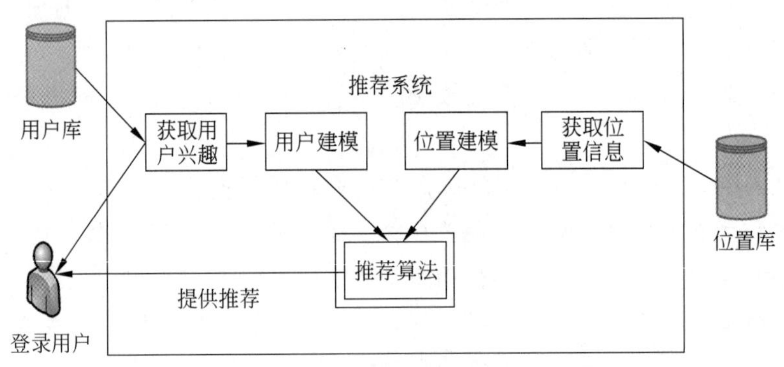

图1.3 推荐流程

1. 基于内容的推荐算法

基于内容的推荐算法最初主要是用来对含有文本内容的物品进行的一系列推荐研究[63-64]，其根据用户留下的历史信息进行分析，从而根据分析结果为用户提供比较个性化的推荐。该方法的推荐流程如图1.4所示，其推荐过程主要分为以下3部分。

(1) 分析用户所有的历史信息，得到用户感兴趣\不感兴趣的项目，从而建立用户的兴趣特征。

(2) 通过内容分析的方法对项目本身的内容信息进行分析，并从中提取能够描述项目特征的属性。

(3) 将(1)得到的用户兴趣特征与(2)得到的项目属性特征进行匹配，并将其结果作为推荐。

当前很多基于内容的推荐系统都是通过分析用户的记录信息来为用户提供推荐，这些记录信息通常可以通过用户对网站及App的注册中获得，也可以从用户日常活动产生的隐式信息中获得。例如，QQ音乐的推荐系统可以根据用户此前的听歌记录为其推荐新的歌曲，为了提高推荐质量，确保推荐的歌曲能够更容易被用户接受，该推荐

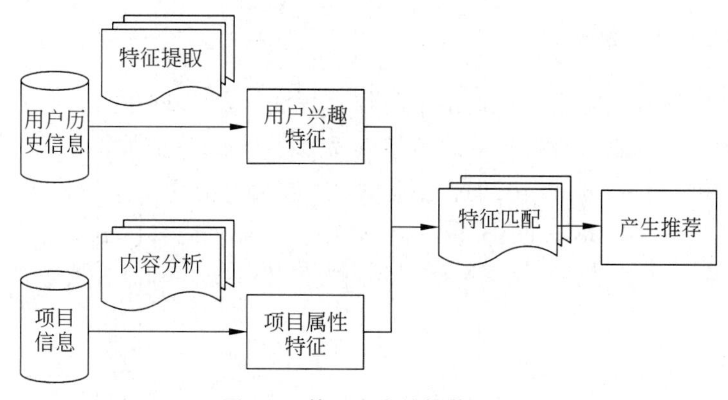

图1.4 基于内容的推荐流程

系统通常会了解用户听歌记录的语言、曲风、作者等。

由于基于内容的推荐算法拥有较好的解释性且充分利用了用户的历史数据，其在很多领域中都得到了广泛的应用。例如，吕学强等[65]利用TextRank、Word2Vec等技术对电影的评价数据进行关键词提取和词向量构建，并进一步计算电影内容的相似性，从而实现电影的推荐。Papneja S等[66]通过分析互联网内容和用户的历史信息，向用户推荐有意义的内容项。基于内容的推荐算法有如下优点。

(1) 符合用户爱好。该算法简单、可解释性强，推荐与用户历史兴趣相似的内容，用户接受度与认可度高。

(2) 算法实现相对简单。基于内容的推荐算法可以基于标签维度进行推荐，算法实现简单，落实到真实的业务场景中相对容易。

(3) 对于冷门小众的目标也有较好的推荐效果。当用户行为少时，协同过滤等算法很难将这类内容分发出去，而基于内容的算法受到此情况影响相对较小，有更好的推荐效果。

(4) 适合标的物增长迅速且有时效性要求的应用。对于标的物增长很快的产品，如今日头条、新浪微博等实时性资讯产品，每日新增标的物数量庞大，时效性较强。新标的物用户行为较少，基于内容的推荐算法较协同过滤算法能更好地分发这些内容。

基于内容的推荐算法有如下缺点。

(1) 推荐范围狭窄，新颖性不强。该算法是依赖用户过去的喜好而产生的推荐，推荐结果会聚集在用户过去感兴趣的类别中，如果用户不关注其他类型，则很难为用户推荐多样性的结果，也无法挖掘用户的潜在兴趣。特别对于新用户，用户行为较少，因此推荐结果单一，具有一定的局限性。

(2) 需要知道相关的内容信息，处理较为困难。如特征抽取问题，如果只能从歌曲里抽取出曲风、作者，那么两首有着相同曲风且是同一个歌手演唱的歌曲对于该方法来说是完全不可区分的。

(3) 推荐精准度较低。基于工业界的实践经验，虽然基于内容的推荐算法在一定条件下更为合适，但相对协同过滤算法其精准度较差。

2. 协同过滤推荐算法

协同过滤推荐算法是最先被提出来的推荐算法[67]。协同过滤推荐算法主要是利用用户过去留下的信息来进行相应的推荐，不需要用户的特征数据以及项目的描述信息，推荐过程相对简单，因此，协同过滤推荐算法被大量应用于生活的各领域，如淘宝网、当当网上书店、CDNow、Drugstore 和 MovieFinder 等。Huang Z 等[68]在文中指出，协同过滤推荐算法又分为基于记忆的协同过滤推荐算法和基于模型的协同过滤推荐算法。

1）基于记忆的协同过滤推荐算法[69]

该类算法根据用户对项目已经评分的分数，对矩阵中没有评分的地方进行评分的预测，并对预测得到的评分进行分值排序，然后再根据排序产生推荐。而基于记忆的协同过滤推荐算法又包括基于用户的推荐算法和基于项目的推荐算法[70]。

（1）基于用户的推荐算法[71]。该类算法的基本思想是"物以类聚"，即如果某个用户与目标用户的兴趣相近，则该算法就向目标用户推荐这个用户喜欢的项目。其推荐示意图如图 1.5 所示，从图中可以看出用户 A 和用户 C 同时喜欢项目 A、C、D，因此该算法认为用户 A 和用户 C 的兴趣最相似，则算法会将用户 C 喜欢的项目 E 推荐给用户 A。

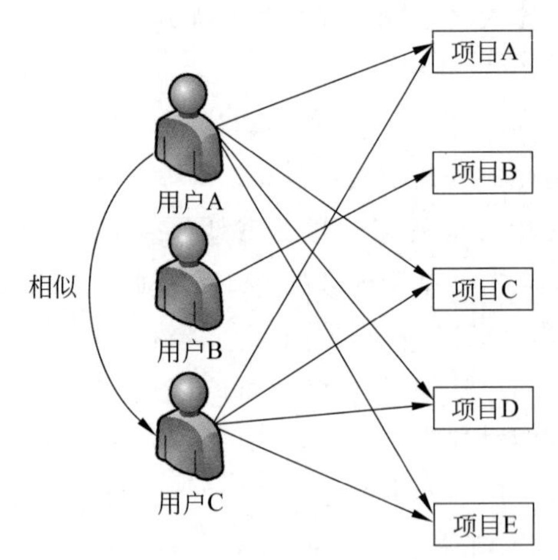

图 1.5 基于用户的推荐示意图

（2）基于项目的推荐算法。该算法的思想与基于用户的推荐算法相近，唯一区别就是该算法在推荐时计算的是项目间的相似性[72]。其推荐示意图如图 1.6 所示，从图中可以看出项目 A 和项目 C 同时被用户 A、B、C 喜欢，因此该算法认为项目 A 和项目 C 的相似度最高，由于用户 D 喜欢项目 A，则算法会将与项目 A 相似性最高的项目 C 推荐给用户 D。

2）基于模型的协同过滤推荐算法

随着网站上用户数量的不断扩大，计算用户之间的相似度变得十分困难，不仅会消耗更多的计算时间，同时，算法的解释性也会变差。针对这些不足，基于模型的推荐算

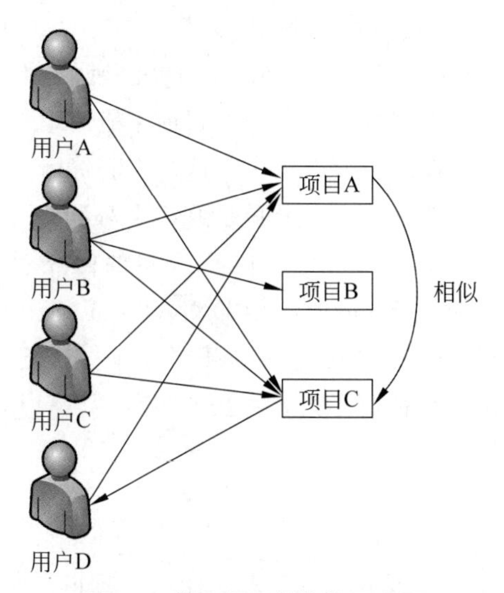

图 1.6　基于项目的推荐示意图

法应运而生[73-74]。该方法主要是利用现有的算法对已有数据进行训练，从而建立推荐模型。典型的基于模型的推荐算法有关联算法[75]、聚类算法[76]、分类算法[77]、回归算法[78]、矩阵分解[79]以及深度学习[80]等。

（1）关联算法。该算法的基本思想是在用户购买的项目中，找出频繁出现的项目集合作为频繁集，从而进行频繁集挖掘。如果用户购买了频繁集里的部分项目，则算法可以将频繁集里的其他项目按照一定的准则推荐给用户。这个准则可以是支持度、置信度等。例如，在市场营销方面，可以通过了解哪些商品组合被频繁购买，制定商品推荐策略；在医学方面，通过研究成千上万患同种疾病的病患的共同特征，进而寻找有效的预防措施。

（2）聚类算法。该算法将按照一定的距离计算方式对用户或者项目进行聚类。如果是基于用户聚类，可以根据用户的特征将用户分成不同的类别，然后将相同类别的目标人群中评分高的项目推荐给目标用户。而基于项目聚类时，则根据项目的特征将项目分成不同类别，将评分高的项目的同类项目推荐给目标用户。

（3）分类算法。如果可以将用户对项目的评分分成几类，则目标用户的推荐问题就变成了机器学习中的分类问题。例如，可以为用户对项目的评分设置一个评分阈值，在推荐时，将高于阈值的评分所对应的项目推荐给目标用户，这时就将推荐问题变成了二分类问题。

（4）回归算法。该算法的基本思想在于，构建一个算法模型来“解释”自变量 X 与“观测值”因变量 Y 之间的映射关系。如果用户对项目的评分数据是一个连续的值时，则可以利用回归算法来做推荐，通过建立回归模型使得评分数据之间的拟合性尽可能高，就可以得到目标用户对某项目的预测打分，从而可以向目标用户推荐高评分的项目。

（5）矩阵分解。该算法容易编程实现，复杂度低，预测效果好的同时保持高扩展性，矩阵分解也是目前协同过滤使用的一种比较广泛的方法。由于传统的奇异值分解(Singular Value Decomposition,SVD)方法要求矩阵是稠密的,不能有缺失数据,因此直接将传统的SVD用到协同过滤推荐中比较复杂。目前主流的矩阵分解推荐算法是SVD的一些变种,如FunkSVD、BiasSVD和SVD++。这些算法将用户-项目评分矩阵分解为两个低秩矩阵的乘积形式,这样就可以通过矩阵的乘积来对没有评分的位置进行预测。

(6) 深度学习。近年来深度学习发展迅猛,大量的研究者开始利用深度学习来进行推荐,2016年Google的YouTube团队用DNN(Deep Neural Network,深度神经网络)来做视频的推荐,取得了不错的成绩,用深度学习来做推荐,主要的优越性在于神经网络可以更好地表现稀疏的特征而不需要太担心过度拟合。用深度学习来做推荐应该是该领域未来的发展趋势。

3. 混合推荐算法

推荐技术发展至今已经有十多年,这期间,研究人员提出了众多的算法并在各领域广泛运用,然而通过不断的实践和研究发现每一种推荐算法都存在一定的局限性。为了提出更好的解决方案,不少研究者开始将各个推荐算法综合起来进行推荐,即所谓的混合推荐算法。

实际应用中常常采用混合推荐算法,如图1.7所示。在图1.7中,将推荐系统视为一个黑盒,其将输入数据(包含用户记录与上下文参数、群体数据、产品特征、知识模型等)转换为有序列表输出。这样既能结合不同算法和模型的优点,又能克服各种算法的不足之处。

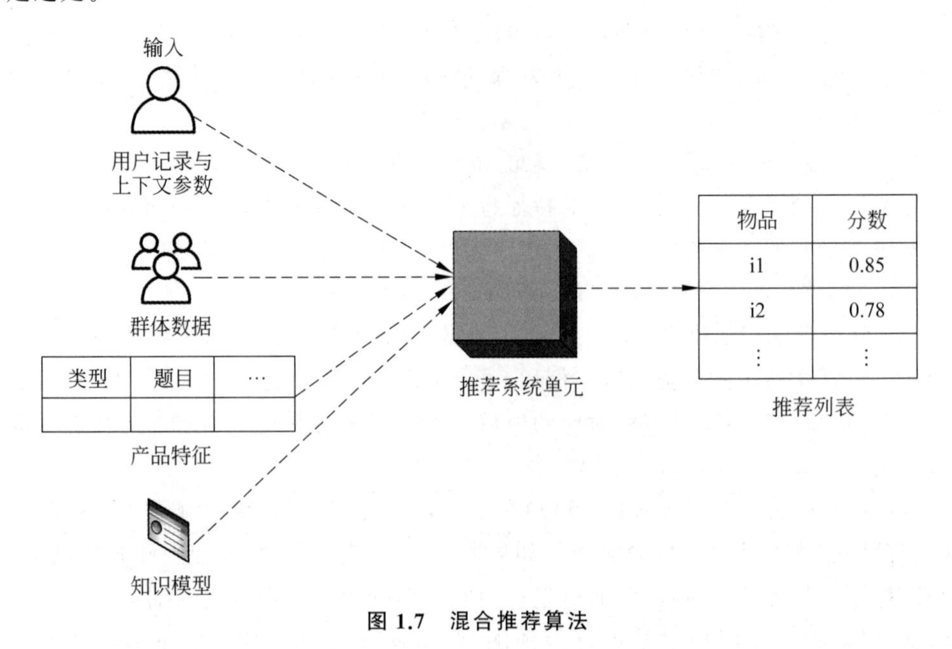

图1.7 混合推荐算法

目前混合推荐算法主要是将现有的两种推荐算法通过不同的方式进行组合使用,

让各个推荐算法能够取长补短从而提高推荐质量。将两种方法组合到混合推荐系统中的方式有以下几种。

(1) 分别实现协同过滤和基于内容的推荐算法，对其推荐的结果进行组合，而结果的结合有多种方式，常用的有直接组合和加权组合[81]。

(2) 将一些基于内容的特征融入协同过滤推荐算法中。

(3) 将一些协同过滤特征纳入基于内容的算法中。

(4) 构建基于内容和协同过滤的通用统一模型[82]。

1.3.2　常用位置推荐方法

数字标牌位置推荐是基于位置服务的重要应用，针对城市信息共享和公共服务的规划需求，在顾及经济效益和合理城市布局的情况下进行推荐方法的研究。数字标牌的位置推荐方法研究是将已布设数字标牌的位置与其影响因子作为输入条件为数字标牌输出待布设地点的列表，也就是为数字标牌的布设提供位置信息。目前，随着移动定位技术的飞速进步，基于位置社交网络的应用及用户呈现指数增长，面向个性化位置推荐，可为数字标牌的精准布设提供策略与指导，这使得基于位置的社交网络位置推荐方法研究成为基于位置服务的研究热点[83]。

社交网络的快速发展，使人们的城市体验提升到一个新阶段。在在线社交网络中，时间和社会信息的可用性为研究人类行为等各领域提供了前所未有的便利，并使得位置推荐等多种基于位置的服务得以发展。在基于位置的社交应用中，多用户协同生成与位置关联的社会信息，其中的受众偏好信息为数字标牌的位置推荐提供了有效的数据源。因此，国内外研究人员围绕位置推荐方法开展大量研究。现有的选址推荐算法主要是在有限数据集和用户量的情况下，采用用户及其好友的历史位置评分数据、签到数据、社交活动等数据进行位置的推荐。

2016 年，王森等[84]提出了一种基于用户签到行为的地点推荐算法，根据用户历史的签到记录，向用户推荐位置，在一定程度上克服了数据集的稀疏性对相似用户计算的影响。该算法主要分析了相似用户计算和相似地点计算之间存在的相互增强关系，改进了传统协同过滤中相似用户计算方法，迭代过程中分别计算并不断地调整用户相似度与地点相似度，使得最后的计算结果更加准确。该算法将用户某地点签到次数作为兴趣度进行归一化处理，此外，还同时考虑了用户兴趣点和推荐地点之间距离的影响，利用阈值控制权重，从而产生推荐结果，为用户提供一组感兴趣且距离适度的地点。但研究因签到数据集的影响，在用户所在地点与用户常住地较近时，有较好的推荐效果，在用户所在地点离用户常住地较远时，推荐效果不太理想。Zheng Y 等[85]使用基于树的层次图(TBHG)对多个用户的位置历史进行建模，在此基础上提出一种新的模型来推断用户对某地点的兴趣程度，在个性化位置推荐中，首先了解位置之间的相关性，利用地点的标签或是评价信息找出语义相近的地点辅助推荐，降低受签到数据集所带来的影响，最后将这种相关性整合到一个基于协同过滤的模型中。模型根据用户的历史记录和其他用户的位置历史，进行位置预测。结果表明此方法比加权坡度等级算法和皮尔逊相关的模型更加可靠。

另外，Cheng C.等[86]基于签到频率数据，利用矩阵分解思想进行位置推荐，较好地处理了隐式数据，但该方法并未考虑地理特征等其他因素的影响。其基于提取的数据属性，提出了一种新的多中心高斯模型来模拟用户签到行为的地理影响。后考虑用户的社会信息，将地理影响融合到一个广义的矩阵分解框架中，矩阵分解是目前协同过滤使用的一种较为广泛的方法，研究中提出一种融合矩阵分解的方法来考虑用户签到位置的地理影响。研究对大规模真实世界的 LBSNs 数据集进行了彻底的实验，证明了与 MGM 的融合矩阵分解框架充分利用了距离信息，并且显著优于其他先进的方法，表明了所提出方法的有效性。2017 年，Liu D.等[87]利用出租车轨迹数据、POI（Point Of Interest，兴趣点）数据和城市范围内的地理空间路径网络等大量轨迹数据进行户外广告牌最优选址研究，建立了 SmartAdP 城市广告牌选址系统。精准的数字标牌布设需要集成其他类型的数据，对影响因子进行全面的分析，如基于位置的社交网络数据或关于区域功能的信息。但该研究只进行了交通要素的考虑，未对影响因子进行全面分析，之后的研究需要进一步解决异构数据融合问题等，才能提高数字标牌位置推荐的准确性。同时，Pramit Mazumdar 等通过研究提出了一种关联位置预测模型，用于从用户的活动轨迹中预测未被检测出或者隐藏的位置。设计了一种识别连续位置对的算法，这些位置对是隐藏位置预测的潜在候选对象。利用相似性度量的方法计算相似用户，该度量考虑了执行的签入序列[88]。研究结果表明，这种无监督的学习技术在从用户公布的轨迹中识别未签到的位置方面非常有效，增强了各种推荐系统的可靠性。

以往的研究主要集中在地理位置推荐的空间和社会影响方面，研究者通过地理签到来进行地点推荐，探究了用户的个人静态签到偏好。由于用户的签到时间与相应的签到地点之间存在很强的相关性，为位置推荐而设计的推荐系统必然需要考虑时间效应。基于位置的社交网络提供了前所未有的大规模签到数据，以描述用户在空间、时间和社交方面的移动行为。受社会影响理论的启发，研究人员开始利用好友等社会关系改善地理推荐服务，但在现有的工作中，对用户签到操作的时间模式深入研究较少。

Gao H 等[89]提出了一种新的位置推荐框架，该框架基于真实的 LBSN 数据集上的用户移动的时间属性，研究时间模式与社会和地理信息在 LBSNs 上的互补效应，利用多种资源生成地点推荐的时空-社会框架，并证明了时间模式对提高位置推荐性能的作用和潜力。Zhao S 等[90]利用嵌入学习技术来捕获上下文签到信息，并进一步提出了序列嵌入排序（SEER）模型来推荐 POI。SEER 模型在基于 POI 嵌入学习方法建模的顺序约束下，通过两两排序模型来学习用户偏好。除此之外，他们还将时间影响和地理影响两个重要因素纳入模型，研发了 Geo-Temporal SEER（GT-SEER）模型增强 POI 推荐系统。

近年来深度学习发展迅猛，利用深度学习方法进行数字标牌位置的推荐的主要优越性在于神经网络可以更好地表现稀疏的特征而减少过拟合问题。2018 年，Wang L.等[91]基于城市兴趣点数据构建了混合 BP（Back-Propagation，反向传播）神经网络算法进行商店选址。其将BP神经网络与PCA(Principal Components Analysis,主成分分析)算法相结合,通过网络签到和POI数据对低空间可达性区域的市场潜力进行评估。Zhang J等[92]提出了一个高效的地点推荐框架CoRe,对每个用户在二维地理坐标上的个性化签到概率密度进行建模,利用用户的个性化签到概率密度来预测用户访问新地点的概率。基于矩阵分解技术的传统协同过滤方法从评级中学习潜在因子,存在冷启动问题以及稀疏性问题,Sheng L等[93]研究中通过深度学习的方式学习有效的潜在表示。通过将矩阵分解与深度学习特征相结合,提出了协同过滤一般化的深度体系结构,集成矩阵分解和深度特征学习,设计了高效的优化算法求解模型。

2015年,Lian D.等[94]提出基于隐式反馈的内容感知协作过滤框架,以整合语义内容并避免负面采样,优化与用户-项目矩阵、用户-特征矩阵和项目-特征矩阵中非零项的数量呈线性比例,这种基于内容的推荐算法拥有较好的解释性且充分利用了历史数据。Ye M.等[95]利用互联网位置签到数据结合用户协同过滤方法进行位置推荐,其中历史位置数据包括他们对历史位置的评分数据、签到数据和访问者列表,采用基于协同过滤模型、基于内容及混合面平行的选址推荐方法满足对数字标牌的精准投放。2019年宁津生等[96]在基于包括兴趣、时间、物理环境等上下文信息感知的基础上考虑城市实际复杂路况与用户的可达性、往返时间成本,在单个用户获得位置推荐的基础上增加多个用户的集体规划需求,利用Web技术进行了算法的验证,平衡了多用户下到推荐位置的可达性和成本,为数字标牌选址、城市规划等提供参考。刘树栋等[97]在基于位置的用户偏好信息结构建模的基础上,提出一种相似度计量方法,将位置的信息引入用户偏好提取及相似度计算的过程中,构成基于用户位置推荐方法,提高了精准性和可靠性。此外为了缓解推荐过程中可能存在的矩阵稀疏和冷启动问题,研究中利用用户之间的通信信息记录,提出基于社会学概念的信任值计算方法,构建用户信任网络,提高推荐的准确率和可靠性。

综上所述,数字标牌个性化的位置推荐综合考虑了用户的个人偏好和行为特点、城市布局等影响因素,是基于位置服务发展的重要方向。适当的布局数字标牌可以显著增加曝光率,不当的数字标牌则会浪费城市空间资源配置。传统数字标牌位置的选址方法包括人工计算、调查、专家建立数学模型等,此方法耗时长、灵活性较差。利用人工智能方法的选址模型是当下基于位置建模研究热点,是位置建模的可靠方法。但上述研究未能综合考量选址影响因子(如内容设计、能见度、时间、通达性等),相较经验选址方法而言,部分机器学习模型存在解释性较差等问题。因此,亟须综合多源影响因子数据,融合地理空间智能与经验选址模型方法完善位置推荐模型,实现数字标牌科学布设。

1.4 数字标牌广告主题优化

数字标牌广告的主题与受众群体之间存在联系,更贴近受众群体需求的广告主题会大大提高数字标牌对受众群体的影响力。现有研究表明,广告主题会影响受众群体对信息内容的反馈机制[98]，信息诉求与受众群体动机状态之间的匹配程度影响着受众的有效反馈[99]。实现以空间位置为中心的广告主题的精准推荐，可以有效提升数字标牌的社会与经济效益。

基于互联网的程序化广告投放已经形成一套完备的精准推荐技术体系，即计算广告学，但针对户外数字标牌的以空间位置为中心的精准推荐方法尚未可见[100]。数字标牌广告精准投放主要是利用已布设数字标牌位置的广告主题特征及其影响因子来预测待布设数字标牌位置适宜投放的广告主题类型。在传统的区位选址方法中，每个空间实体仅对应唯一类别标记，然而同一数字标牌上的广告会同时吸引不同的受众类型，即数字标牌实体可能并不仅由单一主题类型决定，而是同时拥有多个主题类型[101]。数字标牌广告精准投放从本质上来说是“一对多”的主题推荐问题，即人工智能领域中的多标签学习问题。依据不同的解决途径，人工智能领域将多标签学习算法主要分为问题转化和算法适应两类。

1.4.1 问题转换方法原理

基于问题转换的方法是通过转换数据，使之适用于现有的分类算法，其典型的算法有 BR(Binary Relevance，二元关联)算法和 LP(Label Power-set)算法等。下面将通过表 1.2 的示例数据集来对问题转换方法进行描述，表中的数据集包括 5 个实例集合 $X=\{X1,X2,X3,X4,X5\}$，以及 4 个标签集合 $Y=\{Y1,Y2,Y3,Y4\}$，其中，每个实例有一个或者多个标签。

表 1.2 多标签示例

	$Y1$	$Y2$	$Y3$	$Y4$
$X1$	0	1	1	0
$X2$	1	0	0	0
$X3$	0	1	0	0
$X4$	1	0	0	0
$X5$	0	0	0	1

BR 算法[102]假设各标签之间没有任何关系，从而将各标签的预测简化为简单的分类问题来处理，该算法为各标签都设计一个分类器，然后将各分类器的综合结果作为多标签分类的最终结果。该算法将表 1.2 的数据集拆分成了表 1.3 所示的 4 个单标签数据集，当对一个新的样本进行多标签分类学习时，4 个二分类器都将会对新样本进行预测，并得出该样本是否属于对应的标签，然后保存预测的标签结果并进行排序，最后根据设定的概率得出样本的多标签预测结果。这种算法实现起来比较简单，但是算法完全忽略了标签之间的关系，其分类效果通常不太理想。

表 1.3　BR 算法转化示例

	$Y1$
$X1$	0
$X2$	1
$X3$	0
$X4$	1
$X5$	0

(a)

	$Y2$
$X1$	1
$X2$	0
$X3$	1
$X4$	0
$X5$	0

(b)

	$Y3$
$X1$	1
$X2$	0
$X3$	0
$X4$	0
$X5$	0

(c)

	Y4
$X1$	0
$X2$	0
$X3$	0
$X4$	0
$X5$	1

(d)

LP 算法[103]将多标签分类直接转变成多类分类。LP 算法首先对训练集中的标签进行分类，将具有相同标签的样本分为一类，这个新的类别就称为 labelset，这种方式可以得到多个分类类别，然后利用分类器对这些类别进行预测。从表 1.2 可以看出样本 $X1$ 和 $X4$ 有相同的标签，因此就将样本 $X1$ 和 $X4$ 分为一类，这样数据集 $Y=\{X1, X2, X3, X4, X5\}$ 对应的标签合集就变成了有 4 个类别的新的合集 $\{y1, y2, y3, y4\}$，其示例如表 1.4 所示。但是该方法仅能预测出在训练集合中存在的样本标签合集。同时，当标签数量特别大时标签组合将会变多，从而在计算时会出现训练样本不够以及模型复杂度太高等问题。

表 1.4　LP 算法训练示例

X	Y
$X1$	$y1$
$X2$	$y2$
$X3$	$y3$
$X4$	$y1$
$X5$	$y4$

随机 k-Labelsets(RakEL)算法[104]是基于 LP 算法的思想提出的。该算法将样本中的大标签合集分成 M 个含有 k 个标签信息的子集，然后利用 LP 算法对分类器进行训练，最后再对结果进行集成。在训练过程中，每次都从不同的标签子集中随意选取一

个标签子集，然后学习一个 LP 分类器。在预测过程中，对于每一个未知实例，每个模型对各标签集合中的所有标签都给出一个预测概率，最后将每个标签的概率求平均作为标签的最终概率。

1.4.2 问题转换方法的典型算法

该类算法将多标签学习问题转换成一个或多个单标签学习问题[105]。其典型的算法如下。

(1) BR 算法[106]使用一对一策略将多标签学习问题转换为多个二元分类问题，其研究中提出了一种新的方法 SVM-HF，利用迭代 SVM 和异构特征的通用核函数来挖掘文档标签集中共现的类，使得在存在重叠类的情况下能构建更好的模型，提高 SVM 模型的边界质量。

(2) CC(Classifier Chains)算法[107]提出每个分类器处理由描述特征和增强特征空间的单目标问题，优点是在一定程度上引入了标签相关性，并且可以泛化到可见标签集之外[108]。

(3) ECC(Ensembles of Classifier Chains)算法[109]建立在二元关联方法的基础上，通过沿着分类器链传递标签相关信息，抵消了二进制方法的缺点，同时保持可接受的计算复杂度。

(4) RPC(Ranking by Pairwise Comparison，成对比较排序)算法[110]使用两两分类的自然扩展，从合适的训练数据中归纳出一个二元偏好关系。然后通过排序过程得到的偏好关系得到排序，不同的排序方法可以用来最小化不同的损失函数。

(5) CLR(Calibrated Label Ranking，校准标签排序)算法[111]的主要思想是将问题转化为标签排序问题。此算法的关键在于引入一个人工校准标签，在每个实例中，将相关标签从不相关标签中分离出来。这种技术可以被看作是成对偏好学习和传统关联分类技术的结合，在文本分类、图像分类和基因分析等领域具有独特优势。

(6) LP 算法[104]将标签集的幂集中的每个元素视为一个类，从而将问题转化成多类分类问题。研究中所提出的算法旨在考虑标签相关性，使用单标签分类器，应用于具有可管理的标签数量和足够的每个标签示例数量的子任务，在文档和场景分类等常用多标签域上的实验结果表明，该方法具有较好的性能。

(7) ELP(Ensembles of Label Powersets)算法[112]在原始集合的采样原型上创建 LP 算法集合，该算法的超参数包括在元结构中构建 LP 模型的数量和基模型的类型。为 LP 算法提供了一个预测未知标签组合(通过集合投票)的机会。但算法的计算复杂度较大，对于具有大量唯一标签集的数据集来说，计算效率较低。

(8) PPT(Pruned Problem Transformation，剪枝问题转换)算法[113]聚焦于捕捉标签之间的关系，同时减少过度拟合。算法参数非常容易调整，可以调整最佳精度或构建时间，并基于后验置信度对该算法进行扩展，使 PPT 算法能够适应特别复杂的数据集。该算法通过引入减枝技术，将出现频率小于某一特定阈值的标签组合删除，然后选择一些出现频率大于指定阈值的标签子集代替被删除的标签组合，从而解决了由 LP 算法产生的包含过少样本的新标签带来的数据偏斜问题[114]。

(9) RakEL(Random k-Labelsets,随机 k-label 集)算法[115]构建了 LP 分类器的集合,其中每个 LP 分类器在该组标签的不同随机子集上训练,通过 LP 分类器投票得到一个新的实例。

(10) CDN 算法[116]开发了一个通用的条件依赖网络模型来解决多标签分类的挑战。提出的模型是一个循环有向图模型,它提供了一个直观地表示多个标签变量之间的依赖关系,并且是一个很好的使用二元分类器和 Gibbs 抽样推理的标签预测的模型训练集成框架。实验表明,所提出的条件模型能够有效地利用标签依赖关系来提高多标签分类性能。

(11) MBR(Main Bootable Record,主引导记录)算法[117]提出了通过使用 phi 系数显式测量标签相关性的程度来修剪参与叠加过程的模型。对 phi 的探索性分析表明,该剪枝方法可以大大降低叠加的计算成本,并提高预测性能。

(12) ECD[118]算法是一种新的识别和建模标签之间现有的依赖关系的算法,算法首先识别标签之间的依赖关系,然后将整个标签集划分为几个互斥的子集,最后结合发现的依赖关系进行多标签分类。算法利用 ChiSquare 独立测试来识别相互依赖的标签。然后,将二元相关性和标签幂集方法的组合应用于合并发现的关系的多标签分类。

(13) HOMER 算法[119]可以在具有大标签集的领域中实现高效的多标签分类。HOMER 算法构造了一个多层的多标签分类器,每个分类器处理的标签集要比整体的标签集小得多,并且具有更均衡的示例分布,从父节点到子节点的标签分布是通过平衡 k-means 的均衡聚类算法来实现的。

(14) CLEMS 算法[120]利用经典的多维尺度方法成功地将标签信息和代价信息嵌入任意维的隐结构中,并且对非对称的代价函数进行了镜像技巧处理。CLEMS 可以在合适的候选集内对最近邻进行解码,从而有效地进行成本敏感预测。实验结果表明,在不同的代价函数之间,CLEMS 算法取得了较好的结果。

(15) Triple-random Ensemble Multi-label Classification(TREMLC)算法[121]整合并发展了随机子空间、装袋和随机 k-标签集集成学习方法的概念,形成了一种对多标签数据进行分类的方法。它将随机子空间方法应用于特征空间、标签空间和实例空间。所设计的子集选择过程迭代执行。每个多标签分类器使用随机选择的子集训练。在迭代结束时,选择最优参数,构建集成的 MLC 分类器。经过在 6 个不同领域从小到大的多标签数据集上的不同方法的比较,该算法均具有较高效率。

1.4.3 算法适应方法原理

基于算法适应的方法是对已有的单标签分类算法进行改进,从而使其可以直接处理具有多标签特征的数据。下面以 ML-KNN 算法[122]为例简介基于算法适应的方法。

ML-KNN 算法是通过对分类算法 KNN 改进得到的。在 KNN 算法中,首先定义好邻近数 K 的值,然后利用距离测量方法计算目标样本和其他样本之间的距离,如果与目标样本相距最近的 K 个样本中的大多数都是某个类别,则该样本也是这个类别。

在 ML-KNN 算法中，将会首先通过一定的距离测算方式得到距离目标样本最近的 K 个样本所对的标签集合，然后通过式(1-1)中的最大后验概率准则来计算目标样本的标签集合。该方法具有简单易用的优点，但是在推荐时未考虑标签之间的关系。

$$y_t(l) = \arg\max_{b \in \{0,1\}} P(H_b^l) P(E_{\mathbf{C}_t(l)}^l \mid H_b^l) \tag{1-1}$$

其中 $y_t(l)$ 表示样本 t 是否包含 l 标签，$P(H_b^l)$ 表示样本 t 是否包含 l 标签的先验概率，$P(E_{\mathbf{C}_t(l)}^l \mid H_b^l)$ 表示样本 t 是否包含 l 标签的后验概率。

1.4.4 算法适应方法的典型算法

这类算法通过对常用的监督学习算法进行改进，将其直接用于多标签学习[123]，代表性算法如下。

(1) 多标签 K 近邻算法(Multi-Label K Nearest Neighbor，ML-KNN)[122]研究从传统的 KNN 算法出发，提出了一种多标记懒惰性学习算法 ML-KNN。对于每个不可见的实例，首先识别其在训练集中最近的近邻。然后，根据这些相邻实例的标签集合中获得的统计信息，利用最大后验概率(Maximum A Posteriori，MAP)原则来确定不可见实例的标签集合。实验结果表明，ML-KNN 算法是一种较为成熟的多标签学习算法。

(2) TIC(Top-down Induction of Clustering trees)算法[124]采用了基于实例的学习原则，被应用于一阶聚类的自顶向下聚类树归纳系统中。该系统采用归纳逻辑编程系统 tilde 的一阶逻辑决策树表示。方差函数是标签的基尼指数的和。原型函数返回一个样本被标记为特定的标签的概率向量。使用 F 检验作为停止生长树的标准，这是模型中唯一需要调整的超参数。该算法的优点是训练和预测时间短，是一种可以提供可解释结果的多标签分类算法。

(3) Rank SVM 算法是利用分类算法中的支持向量机的原理构建的多标签分类算法[125]，该算法为每个类别的标签都分别建立了 SVM 分类器，然后最小化算法中的损失函数，并最终将多标签分类问题转化为求解凸的二次规划问题。该算法充分考虑了相关标签和不相关标签的排序能力，即考虑了样本中两两类别标签之间的关系，但由于算法中需要计算的变量较多，因此算法的时间复杂度较大。

(4) BP-MLL(多标签学习)算法[126]是 Backpropagation 的多标签版本，研究通过使用误差函数来捕捉多标签学习，具有属于一个实例的标签应该比不属于该实例的标签排名高的特点。在功能基因组学和文本分类等两个实际多标签学习问题上的应用表明，BP-MLL 算法的性能较优。此外，由于神经网络方法的共同特点，虽然 BP-MLL 算法在训练阶段的计算复杂度很高，但基于训练模型进行预测的时间成本很低。

(5) MMAC(Multi-class，Multi-label Associative Classification)算法[127]提出了一种新的多类别多标签分类算法，与传统的关联分类算法相比，该算法具有许多特点。首先，采用了一种只需要扫描一次训练数据的新的发现规则。其次，引入排序技术，剔除冗余规则，确保只使用高效规则进行分类。另外，将频繁项集发现和规则生成集成在一个阶段来节省存储和运行时间。通过在不同数据集上的实验表明，该算法具有较高的分类率。

(6) MLRW[128]算法是一种基于随机游走模型的多标签分类算法，称为多标签随机游走算法。其实现过程如下。首先，通过将每次的未分类数据建立多标签随机游走图系列完成将多标签数据映射成为多标签随机游走图。其次，对图系列中的每个图应用随机游走模型，在遍历的过程中能得出图中顶点的概率分布，然后将图中顶点的概率分布转化为每个标签的概率分布。最后，给出一种基于多标签随机游走算法的新阈值学习算法。通过应用真实数据集进行实验表明，多标签分类问题能够应用多标签随机游走算法进行有效解决。

(7) MLTSVM(Multi-label Twin Support Vector Machine，多标签孪生支持向量机)[129]算法确定了多个非平行超平面来捕获数据中嵌入的多标签信息，这是对 Twin Support Vector Machine (TWSVM)多标签分类的一种有效推广。为了加快训练速度，提出了一种有效的 SOR 算法来求解 MLTSVM 算法中涉及的二次规划问题。在合成和真实世界的多标签数据集上的大量实验结果证实了所提出的 MLTSVM 算法的可行性和有效性。

(8) Multi-Label C4.5 (ML-C4.5)[130]算法是对著名的用于多标签学习的 C4.5 算法的一种适应，它允许在树的叶子中有多个标签。该算法通过修改熵的计算公式为每个独立类别标签的熵的求和来解决多标签问题。

(9) ML-ARAM[131]算法是基于 ART(Adaptive Resonance Theory，自适应共振理论)神经网络的算法，为了提高多标签分类的性能，Fuzzy ARTMAP 和 ARAM 算法被修改。实验结果表明算法的性能要比单标签分类算法更优，并可有效解决多标签任务。

因此，多标签学习算法是基于多类型数据特征推荐的可靠方法。故可改进多标签学习算法，并融合数字标牌多要素空间特征，进行数字标牌广告推荐，解决数字标牌广告的精准投放问题。

1.5　城市数字标牌发展

数字经济飞速发展的今天，数字标牌改变了传统的信息传播模式，精彩丰富的屏幕内容给受众带来视觉享受。在智慧城市的构建中，数字标牌被运用于生活中的方方面面。如表 1.5 所示，在城市交通方面，数字标牌被运用于展示航班信息、登机信息等；在政府应用方面，被运用于医疗、公共场所等；在金融方面，被运用于发布金融新闻等；在企业应用方面，被运用于推送公告等。

表 1.5　数字标牌的典型应用

领　域	应　用	作　用
城市交通	候机厅展示航班信息、登机信息；地铁站站牌；停车位引导寻车等	实时传达出行数据，便捷市民日常出行与丰富乘客出行生活
医疗	智能导诊数字标牌；病人挂号和签到交互式一体机；作为等候区的通信信号等	优化医院就诊流程，强化就诊患者服务体验；减轻医务人员工作负担，提高工作效率

续表

领　　域	应　　用	作　　用
公共场所	为公众教育和商业用途宣传推广；作为紧急警报系统；寻路导航等	最大限度地扩展传播范围达到宣传效果，便捷市民出行，保障安全等
金融	银行金融通过数字标牌液晶显示终端实时发布金融新闻；显示银行通知公告和相关政策信息等内容	实现信息的统一管理，提高了客户体验度，更好地宣传品牌与业务等
企业	运用于公司的实时公告推送；显示公司教育培训内容	树立企业形象，提升企业的专业度，动态形式的广告便捷了企业的管理与信息的公示

据统计，54％的餐厅计划部署或者扩展其现有数字标牌规模；40％的零售商计划在将来逐步应用数字标牌；63％的银行机构已采用或计划在将来部署数字标牌。

随着数字时代的到来，智慧城市的建设步伐逐步加快，城市数字标牌将得到进一步的发展，其未来发展方向如下。

1）互动营销

数字标牌的智能化、个性化和内容的丰富化是其核心优势。数字标牌行业的关注重心将集中在互动营销上。互动式数字标牌，可以用文字、图片、动画、视频等多种手段传递信息，增进人机互动，给顾客留下一个生动直观的印象，有利于促进与顾客的互动，提升品牌形象，增加销售。因此，增强数字标牌的互动性与关注度，进一步降低营销成本是未来竞争的关键所在。

2）高清显示、高分辨率

现代消费者和受众对于新颖、即时的信息的需求越来越高，呈现多样化、综合化、个性化的特点。高清显示、高分辨率的数字标牌更能满足未来市场的诉求。高清的画质，从根本上改变了受众对广告的认知和由此产生的效用。特别是室外数字标牌，具有更高的分辨率、更好的动态显示效果。高清的画面效果、动感的视频内容，更能引起观众的兴致，产生视觉、听觉及心理的冲击，形成记忆，促使消费行为的产生，达成广告主营销费用的效应最大化。高清化的同时也是在实现数字化，投影机、液晶屏、摄像头等信号源和显示端的技术发展为数字标牌的高清化提供了支持。

3）内容个性化和丰富化

数字标牌的显示内容不仅是和产品相关的信息，还需要更具针对性。受众群体更容易被动态的图片、有趣的面孔、感兴趣或者与他们紧密相关的话题所吸引，了解受众群的相关信息，才能更好地提供针对性的内容。在未来，结合移动互联网的发展，将使内容更具个性，未来数字标牌展示内容将更加具有针对性，并可以关联许多动态因素，如天气、库存、最新资讯等。

4）无线连接

无线网络连接将有效简化广告机的信息编辑，而且可以在任何地点进行信息的更新。无线化的网络将让数字标牌拥有更高速、安全的网络连接。无线数据赋予了数字标牌超强的传播力和穿透力,更加智能化。

5) 地理营销

数字标牌是基于地点广告的最佳选择,研究表明,70%以上的受众会对数字标牌的内容感兴趣,前提是他们可以在附近看到零售点。这说明合适的数字标牌位置将会为宣传起到事半功倍的效果,好的位置将会在丰富广告内容的基础上决定是否取得最佳的投放效果。

6) 快速响应

数字标牌是动态内容展示的传播工具,无论是静态广告,还是动态资讯,数字标牌都能以快速的反应速度将最新的信息播报给大众。对于企业而言,比竞争对手更快地为消费者提供他们想要的内容会使它们在竞争中具有更显著的优势。对于数字标牌受众群体来说,快速的响应,将会提高受众群体的感官体验,给用户带来快速的信息获取与便捷的服务,就像市中心的停车位一样,实时更新车位状态,给大众带来方便。

1.6 本书主要内容与创新

1.6.1 研究内容

本书选取北京市六环路以内地区为研究区,以户外商用数字标牌为研究对象,基于数字标牌空间分布及其属性特征等多源要素,研究城市数字标牌优化选址方法和广告主题优化方法,建立了耦合多源要素的数字标牌选址和受众分类模型,以期实现数字标牌的空间优化配置。具体研究工作如下。

(1) 数字标牌多尺度区位因子构建。

为了使多源异构的数字标牌空间及属性数据、基础地理数据以及数字标牌影响因子数据能够在统一尺度上建模分析,本书对其进行了标准格网空间化处理,通过数据清洗以及相关分析等方法,研究并构建了数字标牌多尺度区位因子,为后续模型的构建奠定数据基础。

(2) 数字标牌空间结构特征。

以北京六环路以内户外商用数字标牌作为研究对象,以数字标牌播放价格、房价、社交网络签到、交通路网以及商业网点等表征数字标牌影响因素,利用标准差椭圆、核密度分析、Ripley'K 函数三种空间点模式分析方法探究其空间分布特征;同时,运用k-means、DBSCAN(Density-Based Spatial Clustering of Applications With Noise,基于密度的空间噪声数据聚类)、SOM(Self-Organization Map,自组织映射网)三种空间聚类算法对其空间层次性特性进行研究,并对聚类算法的有效性进行检验;最后,通过Spearman 相关分析法对影响数字标牌分布的因素进行分析。

(3) 数字标牌位置推荐模型。

针对数字标牌的分布特点,首先利用聚类算法对研究区进行区域划分,并将划分的结果作为推荐基础，然后将数字标牌的空间特征融入基于内容的位置推荐算法中，并将其用于数字标牌的位置推荐，最后利用统计指标对本书提出的推荐算法进行有效性验证。

(4) 数字标牌位置优选模型。

在100～1000m不同格网尺度下，利用改进的Huff模型计算数字标牌的空间可达性，利用BP神经网络等机器学习方法计算数字标牌布设潜力，通过叠置分析得到数字标牌待布设位置。最后，以ROC曲线为评价指标，选取经典的选址模型进行多组对比实验，从而验证了算法的有效性。

(5) 数字标牌主题优选模型。

模型以BP神经网络分类算法为基础，并对其进行优化使其能够对具有多标签特征的数据进行分类；同时，利用改进的Huff模型计算已布设数字标牌格网对未布设数字标牌格网的受众影响力，并将其融入改进的BP神经网络中对不同尺度下的区位因子进行分类研究。最后，利用4种验证指标对提出的模型进行检验，进而实现可供实施的数字标牌主题优选方案。

1.6.2 技术路线

各研究内容关系图如图1.8所示。

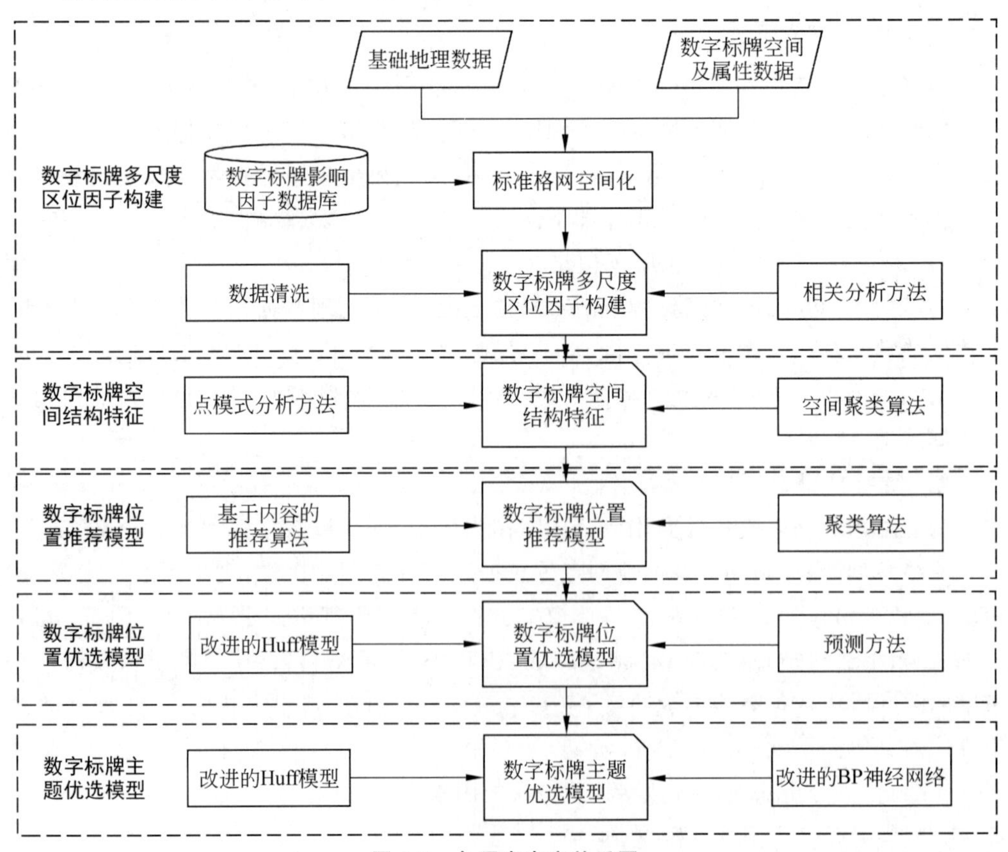

图1.8 各研究内容关系图

1.7 本章小结

本章从数字标牌的兴起、演化、应用、研究现状及发展趋势等方面对本书的研究背景和意义进行了说明，并对国内外数字标牌、位置推荐、空间优化选址等领域的研究状况进行了简要的介绍。最后对本书的主要研究内容做了详细说明，并给出了各研究内容的关系图。

第 2 章

数字标牌多尺度区位因子构建

数字标牌基础数据及其影响要素对数字标牌选址与广告投放具有决定性作用。原始获得的数字标牌基础数据及影响因素数据是带有位置信息的结构化数据，为了方便后续的建模工作，本章将对数据进行相关处理，筛选出对数字标牌产生影响且独立性较强的要素。下面详述研究区、数据以及数据处理流程。

2.1 研究区与研究数据

2.1.1 研究区

北京是城市户外广告和数字标牌发展的集聚地。北京六环路以内区域占地面积为 2267km^2，尽管该区域的占地面积还不到北京市总面积的五分之一，却容纳了整个北京市超过一半的居住人口，同时其 GDP 总量占据了整个北京市的 62%[132]。北京六环路以内包括了大量的商业娱乐中心、金融大厦、医院、高校等场所，同时也是北京商业发展的核心地带。该区域数字标牌数量众多且分布较为密集，占到了整个北京市内数字标牌数量的 85%。该区域具备经济发达城市数字标牌研究的代表性，故在对北京数字标牌的选址和受众分类进行研究时，选取该区域作为本文的研究区，如图 2.1 所示。

2.1.2 数据需求和来源

本书使用的主要研究数据如下。

(1) 数字标牌基础数据，主要是北京六环路以内的数字标牌数据，包括播放价格、地址信息等要素。

(2) 数字标牌影响要素数据，包含社交要素、商业要素和交通要素。通过文献调研可知，数字标牌产业作为现代商业的组成部分，以社交要素、交通要素、商业要素等为主的商业活动要素将对数字标牌的应用效果产生重要的影响[133-134]。人口、交通、商业环境以及社交网络签到数据是影响数字标牌布局与选址的主要因素。

因此，本书选取了包括前期项目积累获得的北京六环路以内的 5823 块数字标牌数据。表 2.1 所示的指标作为数字标牌影响因素数据，包括从中国国家统计局获得的经济普查中的商业网点数目、人口普查数据中的常住人口数据；从互联网口径获得的房价数据、出租车轨迹数据、大众点评网数据、社交网络签到数据；根据基础道路网络数据测算的交通网络中心性数据。

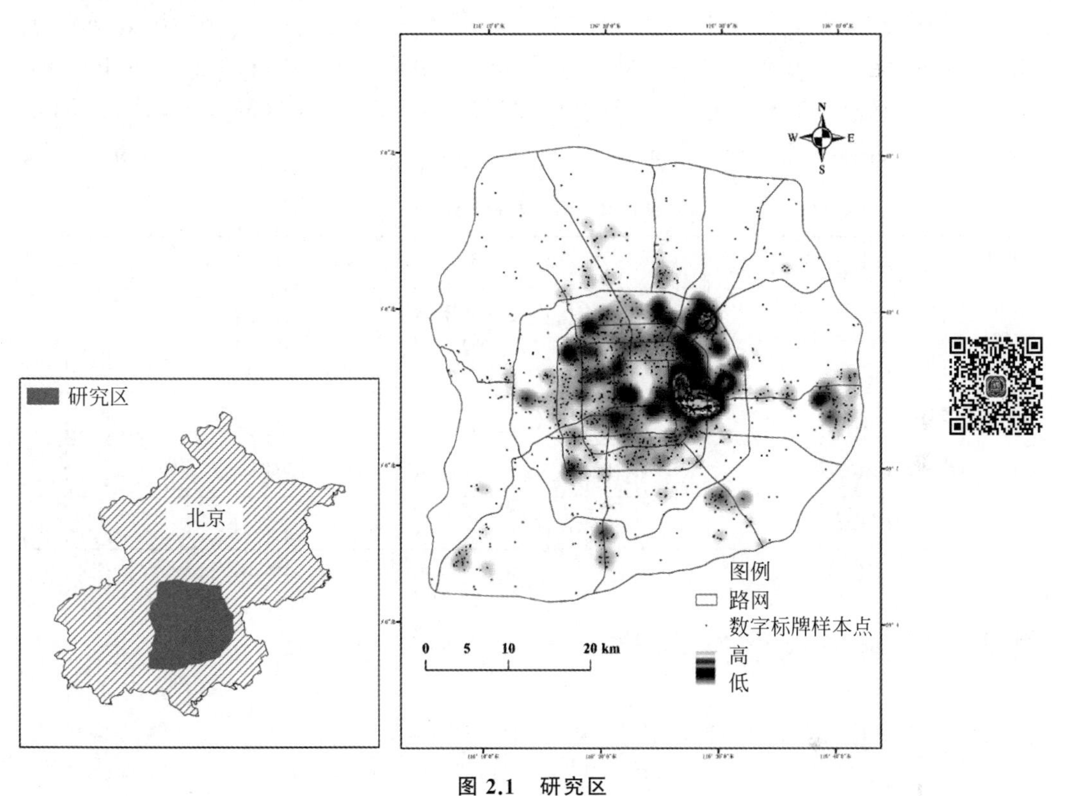

图 2.1　研究区

表 2.1　数据描述

数据类型	名　　称	来　　源
商业要素	房价数据	链家网 (https://bj.lianjia.com)
	商业网点数据	经济普查数据
	大众点评商业网点数据	大众点评网 (https://www.dianping.com/)
交通要素	出租车轨迹数据	T-Drive 轨迹数据 (https://www. microsoft. com/en-us/download/details.aspx? id=52367)
	路网中心性数据	统计口径
社交媒体	社交网络签到数据	新浪微博 (https://www.weibo.com/)
人口	人口普查数据	北京市人口普查数据
数字标牌	数字标牌基础数据	项目积累

另外，城市的区位不同，其功能属性不同，即适合投放的广告类型不同[135]。将媒体商待投放的广告类型与区位适合投放的广告类型相结合，针对性地进行广告牌优化

选址不仅可以增加选址结果的准确性也可以加快选址效率。基于此，使用不同类型的兴趣点数据表征区位的不同功能[136]，将其与北京市六环路以内的数字标牌数据相结合，表征布设在不同区位的数字标牌适合投放的广告类型。其中，研究使用的POI数据为从互联网口径获得的包含14种服务类型的POI设施数据(https://developers.google.cn/places/web-service/intro)，如表2.2所示。

表2.2 POI设施数据描述

序号	名　称	序号	名　称	序号	名　称
1	住宅区	6	政府机构及社会团体	11	公司企业
2	商务住宅	7	餐饮服务	12	公园广场
3	科教文化服务	8	购物服务	13	风景名胜
4	体育休闲服务	9	住宿服务	14	道路附属设施
5	医疗保健服务	10	金融保险服务		

2.2 数据多尺度空间化

由于数字标牌基础数据和数字标牌影响因素数据均是带有地址信息的结构化数据，为了后续空间建模，需对这些数据进行空间化处理。同时，由于数字标牌影响因素数据的多源异构性，为了方便表达区域单元的数字标牌影响因素分布规律，实现数字标牌影响因素数据空间模型的构建和表达，需对其分别进行点、面插值处理，使其具有统一的空间尺度。面插值即以数字标牌为中心，建立缓冲区，将出租车轨迹数据、社交网络签到数据等点数据与缓冲区进行空间查询操作，进而得到统一空间尺度上的影响要素序列，通过同一尺度的缓冲区数据可以方便地表达各统计单元信息，点、面插值后的数字标牌影响因素数据不仅能够更加直观、更加接近真实地反映现实，同时也为数据的融合提供了统一的空间基准。

在建立数字标牌缓冲区时，缓冲区尺度的选取尤为重要，在地理学和生态学的研究中，这种以不同尺度划分的问题称为可塑面积单元问题[170](Modifiable Areal Unit Problem，MAUP)。虽然MAUP在地理学研究中被关注了多年，但仍然没有一个较为完备的解决方案，依旧是地理空间分析的一个重要挑战，通常是建立不同尺度的缓冲区进行比较分析，从而得到较合适的划分尺度。本书缓冲区尺度的选取不仅是为了达到算法的精度，而且需要考虑数字标牌布设的可达性范围以及不同影响因子的影响范围，借鉴前人的研究[136-137]，再结合本书研究区的大小与数据密度，本书将数字标牌缓冲区尺度范围设为100～1000m，增长的步长为100m，具体情况如图2.2所示。

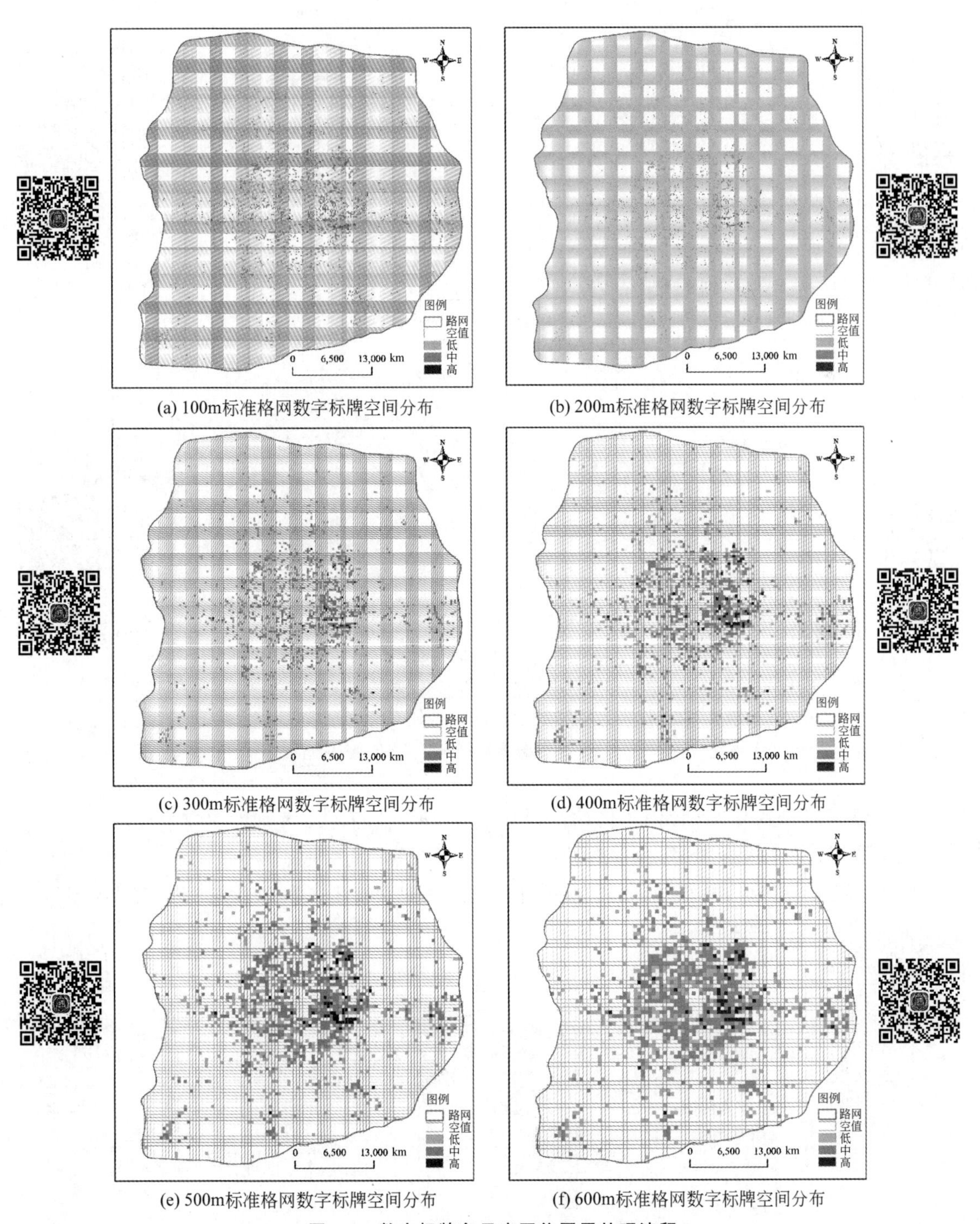

(a) 100m标准格网数字标牌空间分布　(b) 200m标准格网数字标牌空间分布

(c) 300m标准格网数字标牌空间分布　(d) 400m标准格网数字标牌空间分布

(e) 500m标准格网数字标牌空间分布　(f) 600m标准格网数字标牌空间分布

图 2.2　数字标牌多尺度区位因子处理流程

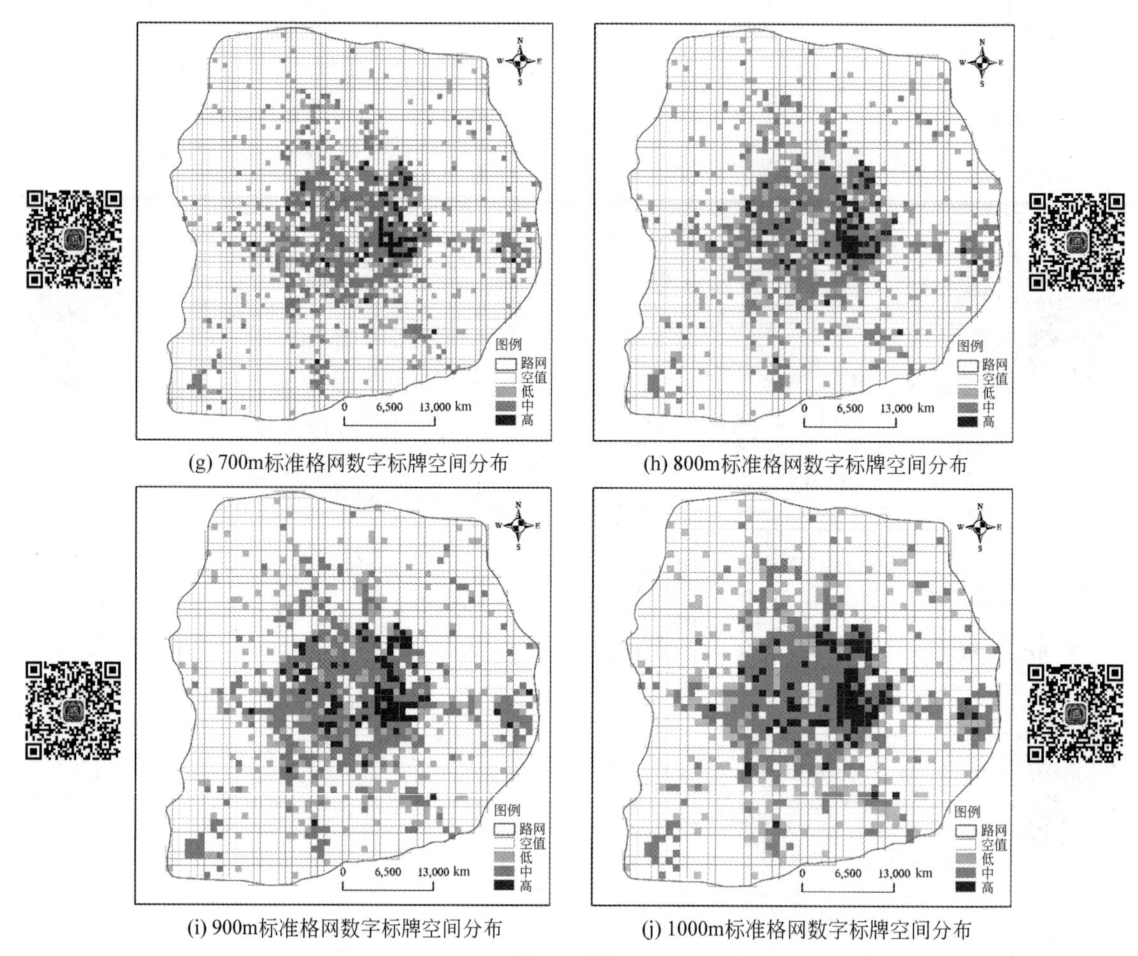

(g) 700m标准格网数字标牌空间分布

(h) 800m标准格网数字标牌空间分布

(i) 900m标准格网数字标牌空间分布

(j) 1000m标准格网数字标牌空间分布

图 2.2(续)

数字标牌多尺度区位因子构建流程如图 2.3 所示。首先,将收集的数字标牌影响因素数据进行数据预处理,删除奇异数据、填充缺失值;然后,将修正后的数字标牌影响因子进行投影转换,并通过空间连接操作将其关联到北京建筑物空间实体中,完成数据

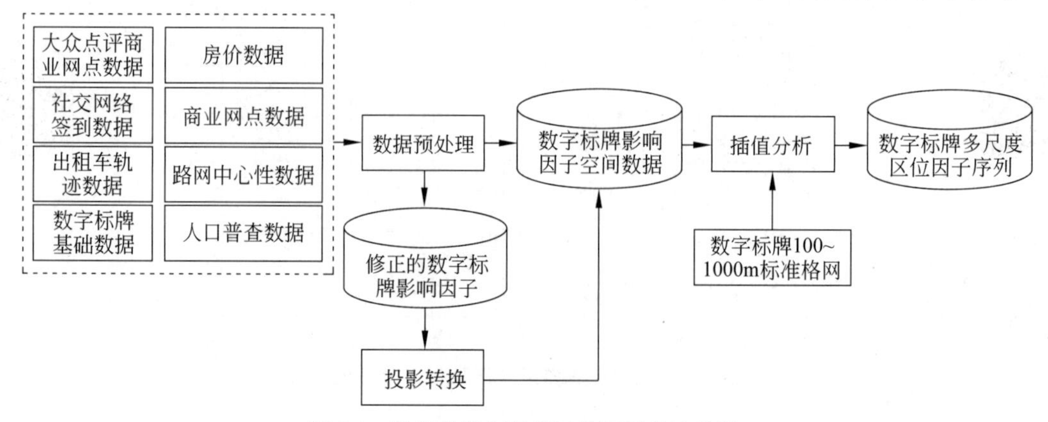

图 2.3 数字标牌多尺度区位因子构建流程

空间化，形成数字标牌影响因子空间数据；最后分别与数字标牌 100～1000m 缓冲区进行插值分析，使所有数据都能在统一的尺度上进行可视化以及建模，从而完成数字标牌影响因素的空间化并得到数字标牌多尺度区位因子序列。

由于各数字标牌影响因素数据有着不同的量纲和数量级，如果直接利用原始的样本点数据进行建模分析，则在计算过程中数量级较小的因素对模型的影响可能会被忽略，从而降低模型的准确性。为了不让数据的量纲影响模型的准确度，在建模前应该使用标准化处理方法对研究数据进行预处理，从而使得所有的要素数据值都统一在 0～1 内。

将经过空间化及异常值处理后的数字标牌区位因子作为样本点的属性数据，组成样本点：

$$x_i = \{x_{i1}, x_{i2}, \cdots, x_{im}\} \quad (i = 1, 2, \cdots, n) \tag{2-1}$$

其中，n 表示格网的个数，m 表示数字标牌影响因素的个数。

从而得到样本点矩阵表示为

$$\boldsymbol{X} = \begin{bmatrix} x_{11} & x_{12} & \cdots & x_{1m} \\ x_{21} & x_{22} & \cdots & x_{2m} \\ \vdots & \vdots & & \vdots \\ x_{n1} & x_{n2} & \cdots & x_{nm} \end{bmatrix} \tag{2-2}$$

其中，x_{nm} 表示第 n 个格网的第 m 个数字标牌影响因素。

通过最小值最大值规范化处理方法对原始的样本点数据进行统一处理，构建模型表示为

$$x^* = \frac{x - x_{\min}}{x_{\max} - x_{\min}} \tag{2-3}$$

其中，x^* 为归一化处理后的数字标牌影响因素数据，x 为原始数字标牌影响因素数据，$x_{\max}$ 为全部区位样本点中影响因素的最大值，$x_{\min}$ 为全部区位样本点中影响因素的最小值。

2.3　数据相关性分析

通过对数字标牌属性数据、互联网数据（新浪微博位置共享数据、链家网房价数据）、人口普查数据、经济普查数据、交通网络中心性数据进行相关分析，筛选对数字标牌的布设产生直接影响而彼此之间相互独立的因素。

利用相关分析计算数字标牌数据和各影响因素之间的相关程度，如果数字标牌数据与数字标牌影响因素数据的相关程度越大，则说明该影响因素对数字标牌的分布影响越大，应该将该因素选为数字标牌的影响因素；如果两个数字标牌影响因素之间的相关性较大，则说明从这两个数字标牌影响因素获得的信息具有很大的一致性，即两个影响因素可以相互取代，存在冗余信息，应该考虑从数字标牌影响因素中去掉一个影响因素，从而简化数字标牌影响因素的构成。

由于对数据进行统计发现数据不满足正态分布，因此本章将利用斯皮尔曼(Spearman)秩相关系数对数据进行相关分析。斯皮尔曼秩相关系数被定义成等级变量之间的皮尔逊相关系数，对于样本容量为 n 的样本，其相关系数 P 见式(2-4)。

$$P = 1 - \frac{6\sum_{i=1}^{n}(R_i - Q_i)^2}{n(n^2 - 1)} \tag{2-4}$$

对两个变量 x 和 y 成对的取值分别按照从小到大(或者从大到小)顺序编秩，R_i 代表 x_i 的秩次，Q_i 代表 y_i 的秩次。

将经过标准格网空间化处理及清洗后的数字标牌价格数据与数字标牌影响因素数据进行相关性分析，分析结果如图 2.4 所示。从图 2.4 中可以看出数字标牌布设与出租车轨迹数据、大众点评商业网点数据及微博签到等属性是显著相关的。同时，出租车轨迹数据与路网中心性数据是显著相关的，且出租车轨迹数据对数字标牌布设的影响更加显著，因此本书将大众点评商业网点数据、出租车轨迹数据及微博签到数据作为数字标牌布设的影响因素。

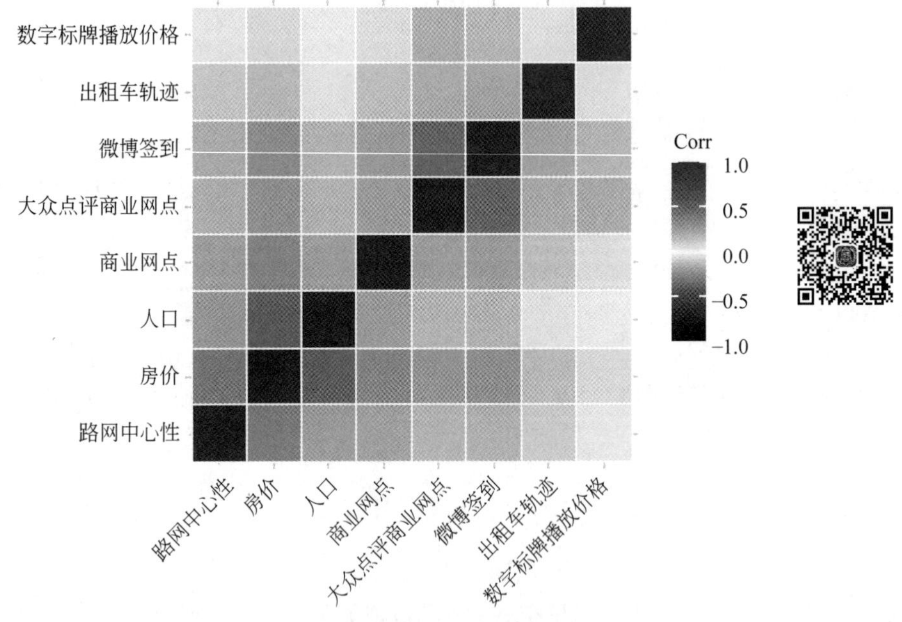

图 2.4　数字标牌影响因子相关性分析热力图

2.4　本章小结

本章首先介绍了研究区与研究数据，对数据进行了空间化以及多尺度面插值处理，使多源异构的数据具有了统一的尺度，并对多尺度空间化后的数据进行清洗和相关性分析，筛选出了对数字标牌布设产生影响的因素作为后续的区位因子，为后续多目标和多类型的数字标牌空间优化选址模型的构建奠定了数据基础。

第3章 数字标牌空间结构特征研究

本章根据数字标牌样本点的特点，将户外数字标牌样本点抽象为空间点模式，然后用标准差椭圆、核密度、Ripley's $K(r)$函数这3种经典的点模式分析方法揭示数字标牌不同尺度间的空间扩散和集聚现象。本章对北京数字标牌空间数据采用宏观、微观相结合的方法进行研究。通过标准差椭圆分析方法从宏观角度分析数字标牌的空间分布特征；通过核密度分析方法从微观角度分析数字标牌的空间分布特征；通过Ripley's $K(r)$函数分析方法从多尺度、角度分析不同范围内数字标牌的聚集程度。通过4种空间等级性划分方法分析数字标牌等级性特征和影响要素。

3.1 研究方法

3.1.1 点模式分析方法

1. 标准差椭圆分析方法

标准差椭圆分析方法由Lefever于1926年提出，通常用来衡量一组数据的扩散方向和布设特征，它的输出结果是一个椭圆[138]。该方法的基本思想是以椭圆的中心、长短轴、面积及方位角来分析目标区域的中心、方向等变化过程及演化趋势。在数字标牌数据分析中，输出椭圆的长轴方向代表着研究数据接下来最可能的扩散方向[139]。从标准差椭圆所占的面积可以分析出数字标牌布设的聚集程度，椭圆的面积越小代表数字标牌越靠近椭圆中心布设。根据椭圆的偏转角以及各点的坐标值就可以确定该椭圆的大小和方向[140]。当前标准差椭圆方法是常用于对空间中点数据集的方向与分布特征进行计算的一种算法。

设点数据样本集中的样本点坐标分别为$(x_1,y_1),(x_2,y_2),\cdots,(x_n,y_n)$。$\bar{x}$和$\bar{y}$分别表示样本点集中所有点的$x$轴坐标值和$y$轴坐标值的平均值，即

$$\bar{x}=\frac{\sum_{i=1}^{n}x_i}{n} \tag{3-1}$$

$$\bar{y}=\frac{\sum_{i=1}^{n}y_i}{n} \tag{3-2}$$

标准差椭圆的中心、方位角及长短轴的求解方法如下。

1）标准差椭圆的中心

$$S_x = \sqrt{\frac{\sum_{i=1}^{n}(x_i - \bar{x})^2}{n}} \tag{3-3}$$

$$S_y = \sqrt{\frac{\sum_{i=1}^{n}(y_i - \bar{y})^2}{n}} \tag{3-4}$$

其中，(S_x, S_y)为标准差椭圆的中心坐标。

2）标准差椭圆的方位角

以坐标轴中的 x 轴为基准，则正北方为 0°，$\tan\theta$ 为偏转角度，θ 即为标准差椭圆的方位角，如式(3-5)所示。

$$\tan\theta = \frac{\left(\sum_{i=1}^{n}(x_i-\bar{x})^2-\sum_{i=1}^{n}(y_i-\bar{y})^2\right)+\sqrt{\left[\sum_{i=1}^{n}(x_i-\bar{x})^2-\sum_{i=1}^{n}(y_i-\bar{y})^2\right]^2+4\left[\sum_{i=1}^{n}(x_i-\bar{x})\sum_{i=1}^{n}(y_i-\bar{y})\right]^2}}{2\sum_{i=1}^{n}(x_i-\bar{x})\sum_{i=1}^{n}(y_i-\bar{y})} \tag{3-5}$$

3）标准差椭圆长轴长与短轴长的标准差

$$\sigma_x = \sqrt{\frac{\left\{\sum_{i=1}^{n}[(x_i-\bar{x})\cos\theta-(y_i-\bar{y})\sin\theta]\right\}^2}{n}} \tag{3-6}$$

$$\sigma_y = \sqrt{\frac{\left\{\sum_{i=1}^{n}[(x_i-\bar{x})\sin\theta-(y_i-\bar{y})\cos\theta]\right\}^2}{n}} \tag{3-7}$$

其中，θ 是偏转方向角度，σ_x 和 σ_y 为数据在 x 轴和 y 轴上的标准差。

2. 核密度分析方法

核(Kernel)密度分析方法是典型的非参数估计方法，可用于地理学中的点模式分析。此方法使用核函数，根据点或折线要素以计算每个单位的单位面积的量值，最后将各点或折线拟合成光滑锥状表面。在本书中主要用于估计数字标牌点样本在其附近范围中的密度，是根据数字标牌布设点与其相邻点的空间关系所决定的聚集强度关于空间密度的一种场表达。该方法会将特定样本点所在的位置设定为中心，并对该中心样本点的特征分布进行阈值范围的设定，这个范围一般是以 h 为半径所得到的圆，当样本点在该中心周围聚集时，密度将会变大[141]（遵循地理学第一定律距离衰减效应）。传统的欧氏距离忽略了数字标牌实际的空间特性，而在一定区域范围的约束下，核密度分析方法能够更为准确地表达数字标牌的空间分布特征。

在样本点分布密度函数为 $f_n(\cdot)$ 的总样本中抽取出部分样本 $\boldsymbol{x}_1,\boldsymbol{x}_2,\cdots,\boldsymbol{x}_i$，假设 f 在样本点 $\boldsymbol{x}$ 处得到的预估值为 $f(\boldsymbol{x})$，分布密度函数的计算如下[142]：

$$f_n(\boldsymbol{x})=\frac{1}{nh}\sum_{i=1}^{n}k\left(\frac{\boldsymbol{x}-\boldsymbol{x}_i}{h}\right) \tag{3-8}$$

其中，$k(\cdot)$ 表示核函数，$h>0$ 表示带宽，$(\boldsymbol{x}-\boldsymbol{x}_i)$ 是估计点 $\boldsymbol{x}$ 到样本 $\boldsymbol{x}_i$ 处的距离。

若研究对象为 m 维时，式(3-8)可以拓展为多维核密度估计，公式如下。

$$f_n(\boldsymbol{x})=\frac{1}{nh^m\det(s)^{\frac{1}{2}}}\sum_{i=1}^{n}k\left(\frac{(\boldsymbol{x}-\boldsymbol{x}_i)\boldsymbol{S}^{-1}(\boldsymbol{x}-\boldsymbol{x}_i)}{h^2}\right) \tag{3-9}$$

其中，$\boldsymbol{x}=(x_1,x_2,\cdots,x_m)^{\mathrm{T}}$，$\boldsymbol{x}_i=(x_{i1},x_{i2},\cdots,x_{im})^{\mathrm{T}}(i=1,2,\cdots,n)$，$m$ 为向量 $\boldsymbol{x}$ 的维数，$\boldsymbol{S}$ 为 $\boldsymbol{x}$ 的 $m\times m$ 对称样本协方差矩阵。

3. Ripley's $K(r)$ 函数分析方法

对于实际的一定范围内的空间点集进行集聚模式分析时，仅采用最邻近距离将会掩盖结果中的其他模式，Ripley 在对事件间的所有距离进行了研究后提出了 Ripley's $K(r)$ 函数方法，即 Ripley's 函数。Ripley's $K(r)$ 函数是对在一定距离范围内的空间样本点数据进行分析的工具[143-144]，是空间点模式分析最常用的方法之一。Ripley's $K(r)$ 函数的优点在于通过考虑所有点之间的距离关系，分析整个区域所有空间尺度上的点分布模式。Ripley's $K(r)$ 函数方法可以以较高的精确度识别点集在不同的空间尺度下集聚或者分散的程度。Ripley's $K(r)$ 函数对样本点的分布进行分析的实现思路如下：对比数据集中每个数据点在其以半径 r 作圆的区域中的实际相邻点数目和它期望的相邻点数目，进而估量样本点数据的空间集聚程度。如果一个样本点在半径 r 内的相邻样本个数高于它期望的相邻样本个数，则可以判断该样本点以及周围相邻的样本点是集聚分布的。Ripley's $K(r)$ 函数表示为[145]

$$K(r)=A\sum_{i=1}^{n}\sum_{j=1}^{n}\frac{\delta_{ij}(r)}{n^2} \tag{3-10}$$

$$\delta_{ij}(r)=\begin{cases}1 & (d_{ij}\leqslant r)\\ 0 & (d_{ij}>r)\end{cases} \tag{3-11}$$

其中，$i,j=1,2,\cdots,n,i\neq j$，A 为研究区域所占面积，n 为研究区域中统计的数字标牌样本点个数，d 表示距离，d_{ij} 表示数字标牌样本点 i 与样本点 j 之间的直线距离。

在 $K(r)$ 的基础上，Besag 提出了 $L(r)$ 函数[146]，并对 Ripley's $K(r)$ 函数做开方的线性变换，以维持方差的稳定。在随机分布的假设之下，$L(r)$ 函数的期望值等于 0。

$$L(r)=\frac{K(r)}{\pi}-r \tag{3-12}$$

$L(r)$ 与 r 的函数图能够用来分析依附于距离 r 上的数字标牌样本点的空间分布特征。$L(r)$ 的实际观测值大于样本点随机进行分布得到的期望值时，即为正值，说明数字标牌样本点分布比较集中，为聚集分布。若小于期望值，即为负值，则认为数字标牌样本点是随机分布的[147]。此外，当数字标牌样本点分布格局为聚集分布时，还可以得出聚集强度指标和聚集规模等信息。此时偏离置信区间最大值为聚集强度指标，而以聚集强度为半径的圆表示聚集的规模。本章采用 $L(r)$ 函数来分析数字标牌样本点在不同尺度上点的空间分布。

3.1.2 空间等级性划分方法

本节通过 4 种空间等级性划分方法分析数字标牌等级性特征和影响要素。4 种方法分别详述如下。

1. 自组织映射聚类算法

自组织映射(SOM)是一种无监督学习的聚类算法[148]，由芬兰 Helsink 大学的 Kohonen 教授于 1981 年提出。Kohonen 认为，一个生物神经网络在接受外界输入模式时，将会分为不同的对应区域，各区域对输入模式具有不同的响应特征，而且这个过程是自动完成的。以此为基础，Kohonen 创建了 SOM。SOM 自提出以来得到快速发展和改进，目前广泛应用于样本分类、聚类、排序和样本检测等方面。

SOM 是一种层次结构，由输入层和竞争层组成。输入层由 m 个神经单元构成，起“观察”作用，由输入层接收外界信息，传递给竞争层。输入层的神经元数与样本维数相等。竞争层由 $a\times b$ 个神经元构成。竞争层对数据进行“分析比较”寻找规律并且根据训练的次数以及邻域的选择将数据进行划分。SOM 的典型拓扑图如图 3.1 所示。神经元的排列有多种形式，如一维线阵、二维平面阵和三维栅格阵，常见的是一维和二维。输出按照二维平面组织是 SOM 最典型的组织方式，更具有大脑皮层形象，竞争层每个神经元同它周围的其他神经元侧向连接，排列成棋盘状平面。SOM 聚类方法的思想是找到一组中心点神经元，然后根据最相似原则把数据集的每个对象映射到对应的中心点。

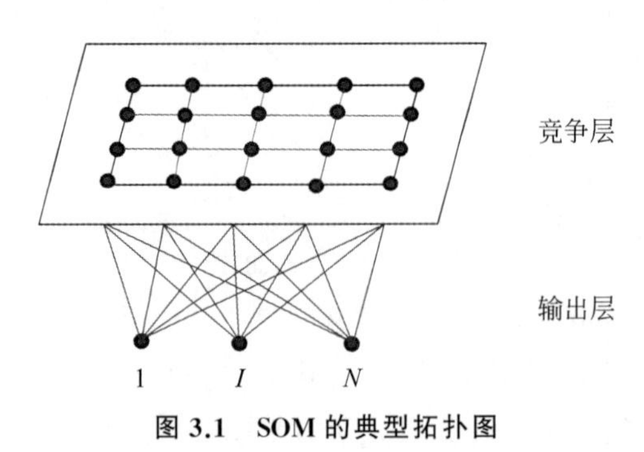

图 3.1 SOM 的典型拓扑图

SOM 聚类算法的学习过程如下。

(1) 网络初始化。首先进行网格初始化，将输入层与竞争层之间的权重值随机初始化为较小的数值。

(2) 接收输入。把输入向量 $\boldsymbol{X}$ 输入到输入层，并找到与它最相配的节点。

(3) 计算距离。计算竞争层神经元和输入向量的欧式距离，见式(3-13)。

$$d_j = \| \boldsymbol{X} - W_j \| = \sqrt{\sum_{i=1}^{m} (x_i(t) - w_{ij}(t))^2} \tag{3-13}$$

其中，$\| \ \|$ 为距离函数，w_{ij} 是输入层的 i 神经元和竞争层的 j 神经元之间的权值。

(4) 寻找获胜神经元，定义优胜区域。通过计算，得到具有最近距离的胜出神经元 j^*，给出其临近神经元集合。

(5) 更新权值。根据式(3-14)更新 j^* 及其优胜区域内神经元的权值使其向 x_i 靠拢。

$$\Delta w_{ij} = w_{ij}(t+1) - w_{ij}(t) = \eta(t)(x_i(t) - w_{ij}(t)) \tag{3-14}$$

其中，t 为学习次数，η 表示在(0,1)的常数，随时间的变化逐渐趋近于 0。

(6) 迭代运行。重复算法流程(3)～(5)，直到满足训练结束条件。

(7) 输出结果。输出在 SOM 聚类算法下的具体聚类数及聚类中心。

SOM 聚类方法的优点是将相邻关系强加在簇质心上，所以互为邻居的簇之间比非邻居的簇之间更相关。这种联系有利于聚类结果的解释和可视化。其缺点是用户必须选择参数、邻域函数、质心个数、网络类型等。

2. k-means 聚类算法

k-means[149]是一种经典的基于划分的聚类算法。该算法以数据和所选的聚类中心的距离为计算标准，根据聚类的相似度不断进行聚类划分直到满足所定的要求为止[150-151]。k-means 是以距离作为划分依据的聚类方法。该算法比较简单，时间复杂度近于线性。对于数据集较大的情况，有着较高的效率并且具有可伸缩性，聚类的效果也比较好，因此得到了广泛的应用。

k-means 算法的聚类思想是对于给定的训练样本集，算法将根据一定的距离计算方式计算各样本与聚类中心之间的距离，然后根据测算的距离把样本集分为 k 个类，让类内的样本点的距离尽可能小，而让不同类间的距离尽可能大。其聚类过程如下。

(1) 输入：数据 X、迭代上限 M、聚类簇个数 k。

(2) 初始化 k 个聚类中心，对应的均值向量为$\{\boldsymbol{\mu}_1, \boldsymbol{\mu}_2, \cdots, \boldsymbol{\mu}_k\}$。

(3) 迭代执行步骤(3.1)～(3.3)，直到满足结束条件：

(3.1) 对于数据集中每一个样本点 x_j，计算其与每个聚类中心的距离 $D(x_j)$；

(3.2) 确定与 x_j 距离最小的聚类中心，将 x_j 归类到该聚类中心对应的聚类簇；

(3.3) 重新计算每个聚类簇的均值向量，并更新。

(4) 输出聚类结果。

3. DBSCAN 聚类算法

DBSCAN 是由 Ester 等提出的一种基于密度数据的聚类算法。DBSCAN 是一个比较有代表性的基于密度的聚类算法[152]，广泛运用于地理研究、统计学研究等各学科研究，主要解决如何在基于密度的聚类中发现稠密区域的问题。它将簇定义为密度相连的点的最大集合，能够把具有足够高密度的区域划分为簇。

DBSCAN 算法首先找出核心数据点，即邻域稠密的数据点，然后连接核心数据点以及它们的邻域，形成稠密区域作为聚类簇。DBSCAN 算法需要设定两个阈值：邻域半径 r 以及密度阈值 MinPts。若一个数据在半径为 r 的邻域内有超过 MinPts 个数据，则该数据是核心数据。核心数据是稠密区域的支柱。DBSCAN 算法能够发现空间数据集中任意形状的密度连通集、能够处理噪声点，但是其对邻域半径 r 和密度阈值 MinPts 的依赖较大。算法的主要流程图如图 3.2 所示。

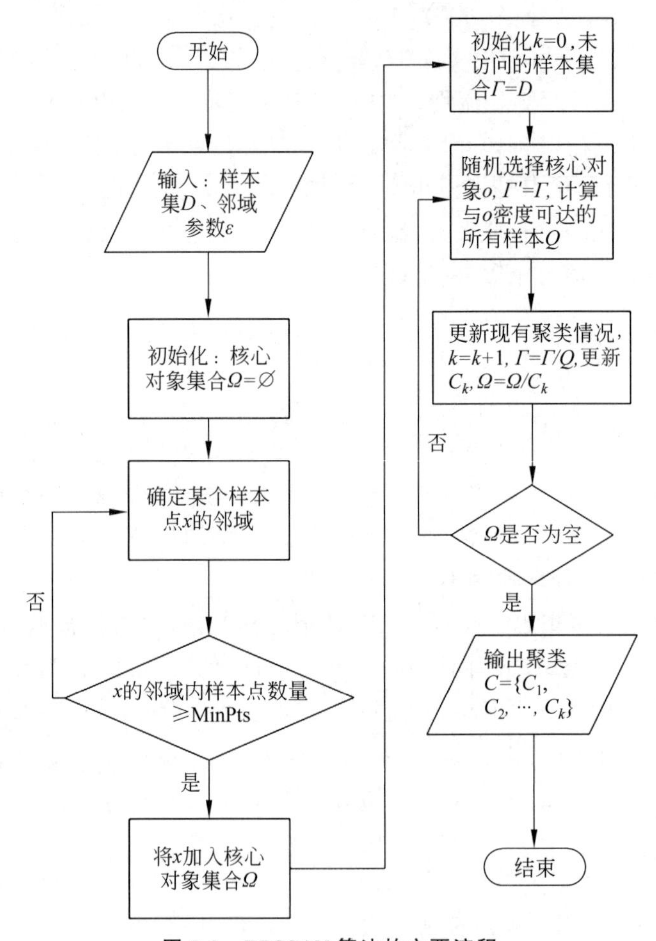

图 3.2　DBSCAN 算法的主要流程

DBSCAN 算法在真实的应用场景中处理复杂数据时算法性能突出，其主要优点是不需要指定聚类个数，且能够有效处理噪声点和发现任意形状的空间聚类[153-154]。但是对于高维数据，其聚类效果较差。

4. Calinski-Harabasz 指数

聚类结果的好坏需要有一个客观的评价标准，为比较选择 k-means、SOM 和 DBSCAN 三种聚类算法划分的数字标牌等级效果，利用聚类评价指标 CH(Calinski-

Harabasz)指数进行计算[155]。CH指数计算简单、直接,为簇间距离与簇内距离的比值。为了提高聚类质量,簇间距离需要尽可能大,而簇内距离需要尽可能小,即CH指数分子足够大,分母足够小,则得到的CH指数值越大表示算法聚类的效果越好。

CH指数是可以用来检测聚类分群效果的测量统计指标,计算方法见式(3-15),其中$Tr(\boldsymbol{B}_k)$表示类别间距离,$Tr(\boldsymbol{W}_k)$表示类别内距离。式(3-15)中,分子表示类别间差异性,分母表示类别内差异性,分数越大表示类别间差异性远远大于类别内差异性[155],即聚类结果最优时,CH取得最大值。

$$\mathrm{CH}(k)=\frac{Tr(\boldsymbol{B}_k)}{Tr(\boldsymbol{W}_k)}\frac{n-k}{k-1} \tag{3-15}$$

其中,$\boldsymbol{B}_k$表示类内散度矩阵,计算公式见式(3-16)。

$$\boldsymbol{B}_k=\sum_{q=1}^{k}n_q(c_q-c)(c_q-c)^{\mathrm{T}} \tag{3-16}$$

$\boldsymbol{W}_k$表示类间散度矩阵,计算公式见式(3-17)。

$$\boldsymbol{W}_k=\sum_{q=1}^{k}\sum_{x\in C_q}(x-c_q)(x-c_q)^{\mathrm{T}} \tag{3-17}$$

其中,C_q是聚类q中的点集,c_q是聚类q的中心,c是样本点的中心,n是数据中的点数。

3.2 数字标牌空间分布特征

图3.3展示了数字标牌核密度结果与标准差椭圆分析结果。从图3.3可知,北京六环路以内的数字标牌总体上呈现相对集中分布态势,数字标牌呈现由城市中心区域向城市郊区呈现递减趋势,北京城市中心数字标牌空间密度明显高于城市外围区域,具有向心性;数字标牌分布总体表现为“西南—东北”的空间分布格局且空间偏向差异性明显,以标准差椭圆的长轴方向为界,以南地区(丰台区以东、朝阳区及以南)的数字标牌分布密度以及数量均高于以北地区(海淀区、西城区、朝阳区以北),显示出北京城六环数字标牌分布的空间偏向性。北京六环路以内的数字标牌呈现集聚多中心分布态势,典型的集聚中心位于国贸、双井、潘家园、四元桥、西单和魏公村等区域。同时,北京五环路到六环路之间的八里桥、亦庄、黄村等地区也有零星集聚中心存在。其中,集聚程度较高的地区主要为中央商务区(Central Business District,CBD)的核心部位的国贸、双井以及潘家园区域,文化娱乐产业中心的三里屯、798艺术区、奥林匹克公园等地,以及位于西单、王府井等商圈区域。

其中,国贸、双井和潘家园位于城市重要的交通枢纽旁,区域集办公、住宿、会议、展览、购物和娱乐等多功能于一体,日均流量大,因此这些地区是聚集性最高的区域。其次,三里屯地区分布着大量的商业网点,吸引着大量数字标牌的投放;798艺术区为艺术与设计工作者提供作品展示和创作空间;西单和王府井作为北京传统商业区,是集多种功能于一体的现代化商业中心区,这里分布着大量购物中心,流动人口多,因此该区

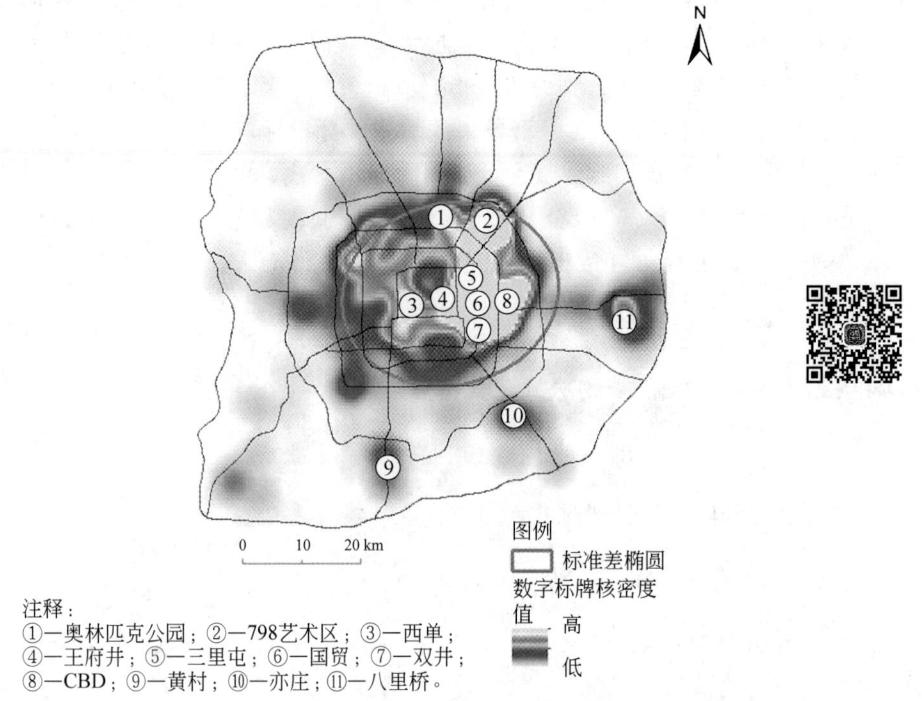

图 3.3 数字标牌核密度与标准差椭圆分析结果图

域的数字标牌布设必不可少；奥林匹克公园依托奥运会场馆和各项配套设施，交通便捷，人口集中，市政基础条件较好，商业、文化等配套服务设施齐备，是一个集体育竞赛、会议展览、文化娱乐和休闲购物于一体，且空间宽敞、绿地环绕，能够提供多功能服务的市民公共活动中心，数字标牌的布设能够为该区域进行体育竞赛和展览等宣传。这些区域也是数字标牌聚集显著的区域。

通过与北京六环路以内商业网点的核密度分析结果（见图 3.4）对比分析可知：首先，从点数据分布来看，数字标牌点位置覆盖了大部分商业网点密集分布区域，且数字标牌与商业网点均集中分布在五环路以内；其次，商业网点的标准差椭圆（本研究所做标准差椭圆实验中数据包含占比 68%）空间轴向不同于数字标牌结果处于“西北—东南”方向；再次，商业网点集聚中心与数字标牌的集聚中心相比，空间相关性与差异性并存。其中，空间相关性体现在从西苑到中央商务区范围内的二环区域、大部分三环区域和部分四环区域，以及五环路外的八里桥、黄村、良乡、西二旗和古城区域两者聚集区域相契合。空间差异性主要体现在商业网点分布更偏重住宿餐饮、批发零售、居民服务业集聚地区，如在北京西北方向的高校集中区，受众人群以学生为主，商业网点以居民服务业为主，故其商业网点集聚程度略高。同时，数字标牌更偏重文化娱乐产业集中区，如北京东北、东南部集中分布了大量文化、娱乐、广告产业基地，其受众人群以公司职员为主，故其数字标牌集聚程度略高。

本章的 Ripley's $K(r)$函数，边界校正采用模拟边界外值法，置信度取 99%（见图 3.5）。在距离为 3～27km 时，其 k 观测值远远大于 k 期望值，表明北京六环路内数字标牌的

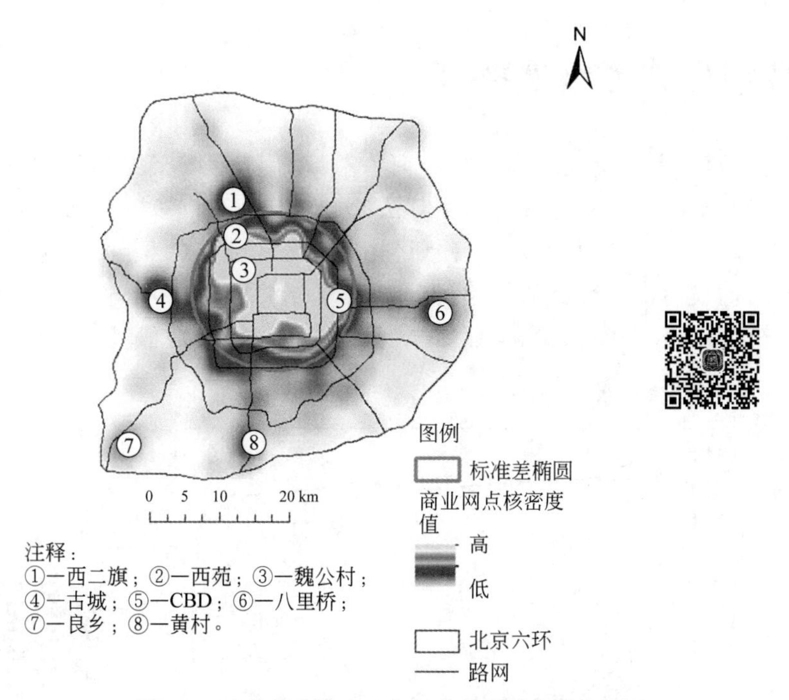

图 3.4　商业网点核密度与标准差椭圆分析结果图

集聚程度在此范围内高于随机分布的最大值。k 观测值的差值表明了数字标牌的集聚程度，从该曲线的变化可以看出数字标牌在随距离的变化过程中总体上呈现先增加而后逐渐趋于稳定态势。同时，数字标牌在 27.5km 左右处观测值等于预测值，且随着距离的增加观测值逐渐小于预测值。该曲线的变化特征说明数字标牌主要分布在五环路以内，距离城市中心越近的区域，数字标牌的聚集程度越高。另外，北京六环路内数字标牌具有显著的集聚特征，且数字标牌的聚集程度与北京城市空间结构整体特征相符，城市中心区建成密度高于外围区域，资金投入较大的商业区占据城市中心更有利位置。

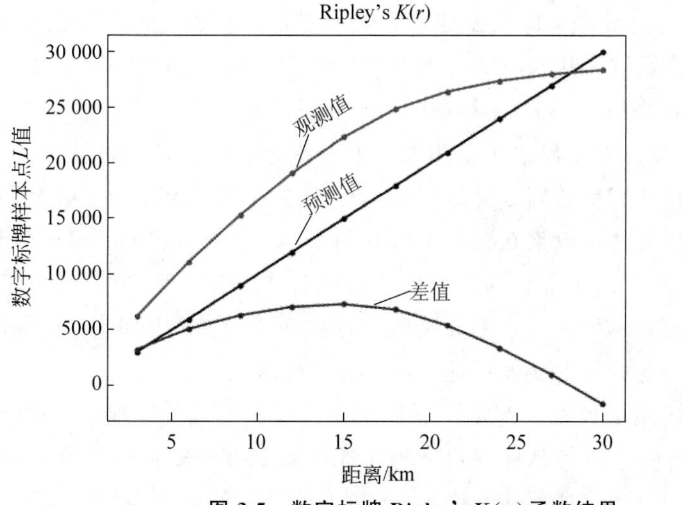

图 3.5　数字标牌 Ripley's $K(r)$ 函数结果

3.3 数字标牌等级性特征

按照传统商业地理理论约束，本研究将数字标牌等级至少划分为 3 级，并将 k-means、DBSCAN 和 SOM 这 3 种聚类算法通过调节其对应参数分别将数字标牌点数据划分为 3～9 个等级，共得到 21 种划分结果，然后通过 CH 指数对聚类划分结果进行质量评价，最终得出合适的数字标牌等级划分结果(见图 3.6)。在 3 种算法分别聚类情况下，k-means 算法中，当取 $k=3$ 时得到的 CH 指数值最大，即此时的聚类效果较好。

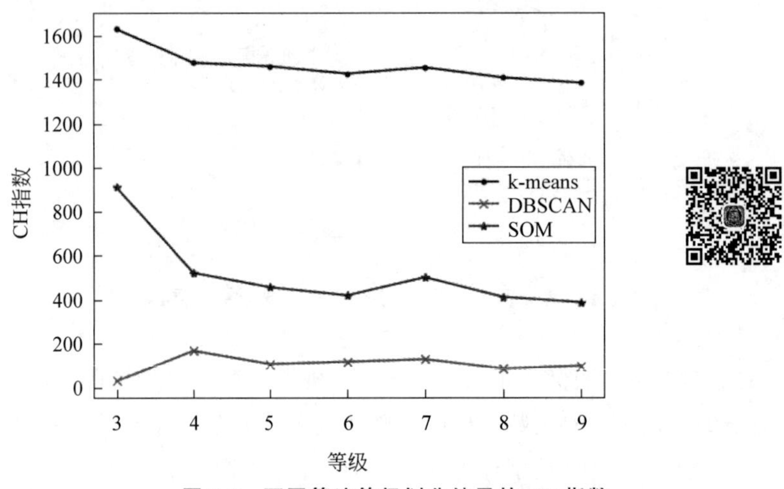

图 3.6 不同算法等级划分结果的 CH 指数

为了检验所划分的数字标牌等级的合理性，采用最小显著差数(Least Significant Difference，LSD)法和 SNK(Student-Newman-Keuls)检验法对 k-means 算法的分级结果进行检验。

表 3.1 为 LSD 的检验结果，每个因变量有 3 个等级，比较单要素因变量各等级之间的显著性差异，且本研究采用 98%的置信区间，即当两个等级间显著性差异 $P<0.02$ 时，表明这两个等级间达到极显著性差异。当等级间显著性差异 $P>0.02$ 时，表明这两个等级间没有达到显著性差异水平。由表 3.1 中各等级间差异显著性检验可知，房价、商业网点从业人口和网络签到 3 种影响因素分别在所划分的 3 个等级之间均具有极显著性差异，而交通可达性因素在数字标牌 0 和 1 两个等级间没有达到显著性水平，这是由于所划分的 0 和 1 两个等级的数字标牌所在道路分布除京哈高速、京沪高速和机场高速这几条高速路线以外，其余的 0 级数字标牌所在道路均有 1 级数字标牌的分布位置，即 0 和 1 两个等级间的交通可达性因素相似性较大。

采用 SNK 检验的结果如表 3.2 所示，该检验法从 4 种属性分别观察不同级别的差异性，网络签到、房价、商业网点从业人口 3 种属性中每个等级显著性都为 1，各等级间的差异性十分显著，而对于交通可达性因素，0 和 1 两个等级间差异性不明显。结合

表 3.1　LSD 检验结果

因　变　量	(I)类别	(J)类别	P
网络签到	0	1	0.000
		2	0.000
	1	0	0.000
		2	0.000
	2	0	0.000
		1	0.000
房价	0	1	0.000
		2	0.000
	1	0	0.000
		2	0.000
	2	0	0.000
		1	0.000
交通可达性	0	1	0.819
		2	0.000
	1	0	0.819
		2	0.000
	2	0	0.000
		1	0.000
商业网点从业人口	0	1	0.000
		2	0.000
	1	0	0.000
		2	0.000
	2	0	0.000
		1	0.000

注：均值差的显著性水平为 0.02。

表 3.2　SNK 检验结果

影响因子	类别	数量	等级(1)	等级(2)	等级(3)
网络签到	1	1625	7954.19		
	0	1510		11866.40	
	2	688			24245.03

续表

影响因子	类别	数量	等级(1)	等级(2)	等级(3)
房价	1	1625	28959.361		
	0	1510		51648.456	
	2	688			82362.999
交通可达性	0	1510	17957684.56		
	1	1625	18371409.00		
	2	688		62929300.90	
商业网点从业人口	1	1625	618.74		
	0	1510		840.38	
	2	688			2900.03

LSD 和 SNK 检验结果，总体看来，各等级中的数字标牌属性空间分布差异较小，而各等级间的差异显著，从而检验出划分的等级效果理想。该检验结果证明了本研究用 k-means 聚类算法而划分出来的 3 个等级是合理的。

利用 k-means 聚类算法将数字标牌划分为 3 个等级(见图 3.7)。由图 3.7 可以看出：在各等级数字标牌分布上看，0 级数字标牌数量最多，且分布广泛，在每条环线以及交通要道处均有 0 级数字标牌的存在，总体上，0 级数字标牌其空间非均匀性较弱，北京东部地区分布数量显著高于西部地区，与北京市公路交通系统环路、放射路的空间格局具有较强的一致性，故将其命名为交通导向型数字标牌。

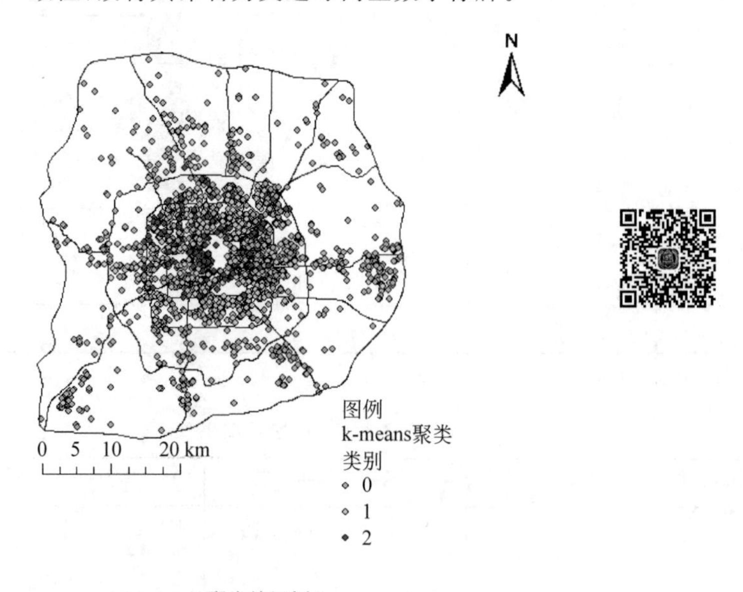

(a) k-means聚类等级划分

图 3.7 k-means 聚类等级划分结果

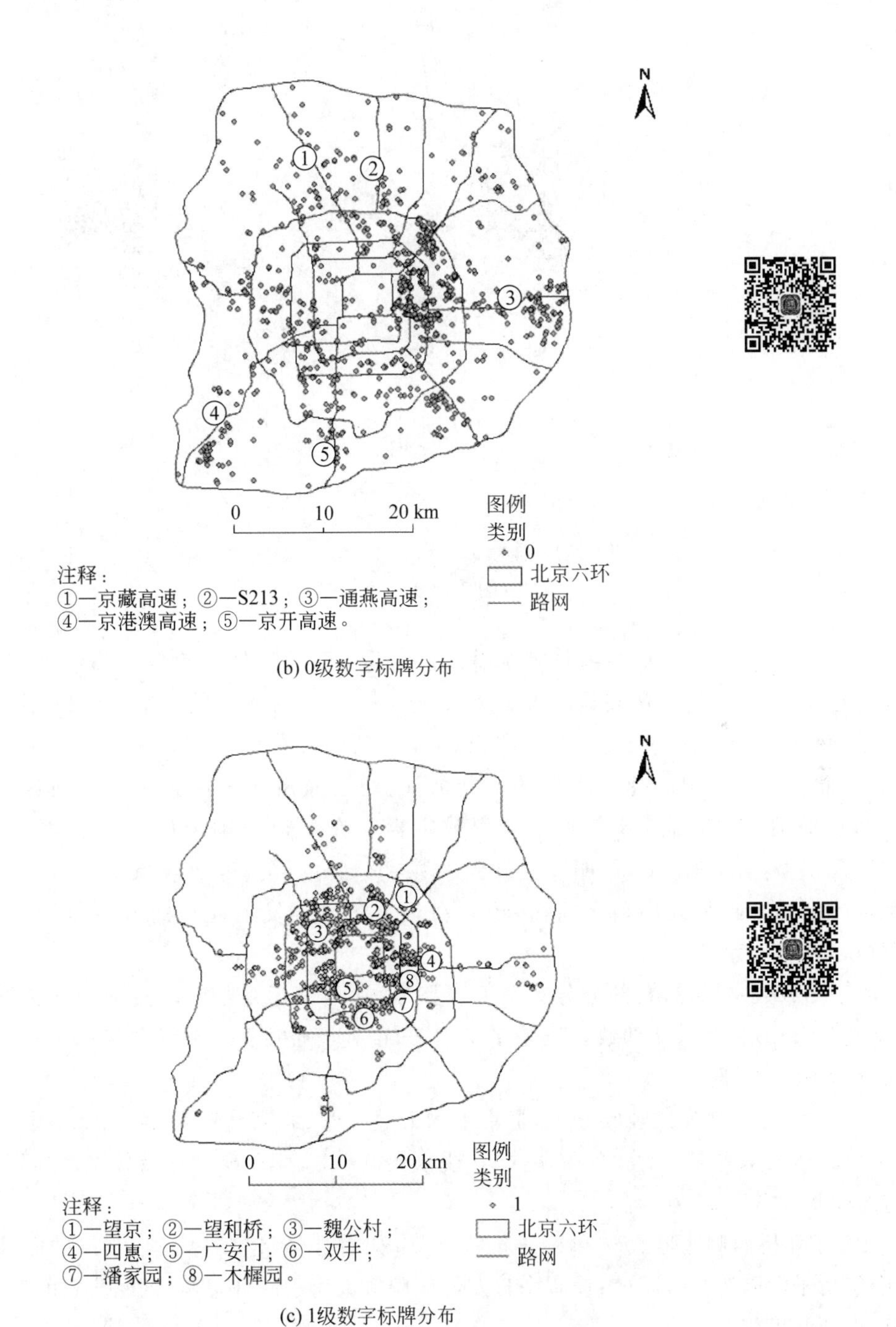

(b) 0级数字标牌分布

(c) 1级数字标牌分布

图 3.7(续)

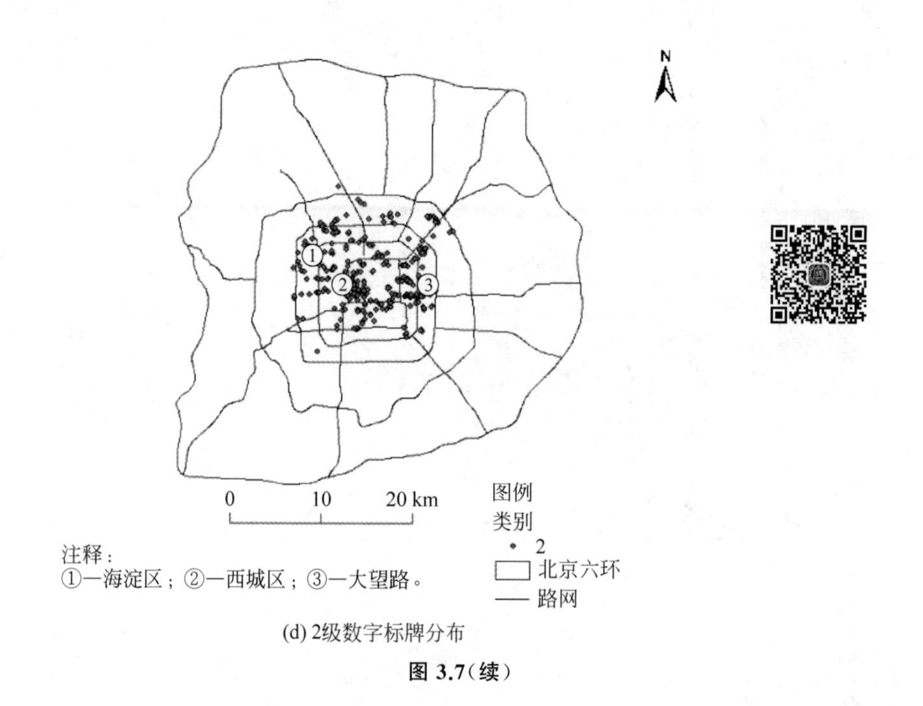

(d) 2级数字标牌分布

图 3.7（续）

交通导向型数字标牌（0 级数字标牌）在二环路至四环路间的东北部尤其密集，可能与近年来 CBD 的快速建设和文娱产业的高速发展密切相关。交通导向型数字标牌在通州区也出现一个集聚中心，与北京城市副中心东缘城市建设有关。可以预见，随着北京城市副中心建设程度的不断加深，北京通州地区将会出现一条数字标牌空间密集轴。相对而言，交通导向型数字标牌在城市外围密度相对较大，北京“凸”字形旧城内部则较少，说明交通导向型数字标牌的服务等级较低。交通导向型数字标牌在四环路至五环路之间，多出现在远郊区较早发展起来的城市集聚中心，如黄村、良乡、立水桥等。

对于 1 级数字标牌，大部分分布在五环路以内，且二环路至四环路间分布密度最大，空间分布相对均匀，北部数量显著多于南部，商业特征明显。1 级数字标牌有多个空间分布中心。

（1）在北三环魏公村区域，这里是集中国人民大学、北京理工大学、北京外国语大学、中央民族大学等多所大学的聚集区，在受众人群中，大学生所占比重较大，空间上呈均匀的面状分布。

（2）望和桥西侧区域大学和科研机构林立，如对外经济贸易大学、北京中医药大学、中华女子学院等高等院校；设有中日友好医院等大型医院，附近社区密集，如芍药居北里、惠新北里等。

（3）望京地区是北京超大规模社区之一，随着城乡一体化改造，2011 年，“大望京科技商务创新区”被正式写入本市“十二五”规划，定位为高端国际化科技商务创新城市综合体，如今阿里巴巴、现代汽车金融、中国航空工业集团、绿地能源集团等知名企业总部均在此落户，望京俨然成为最重要的商务区之一。

(4) 四惠以北和双井、潘家园分布有大量 1 级数字标牌，这些区域可以被看作 CBD 向南北缓冲的区域，其区位优势不及规划的 CBD 区域，但是受 CBD 区域商业空间扩散的影响，呈现聚集条带状分布的空间格局。

(5) 木樨园世贸商业中心是北京市总体规划确定在南城兴建的市级商业文化服务中心，对北京南城商业贸易发展具有重要的意义。

(6) 月坛地区是西城区旧城商业带动发展的区域，与金融街街道以西二环路相隔，区域内有国家发展和改革委员会、国家财政部、国家广播电视总局、中国科学院、中华全国总工会等单位。

(7) 广安门与月坛相接，是原宣武区的经济核心区域之一，位于宣南文化区。宣南文化是以士人文化、平民文化为主体的丰富多彩、独具特色的小地域文化，是北京地域文化的重要组成部分。

值得注意的是，在五、六环之间也零星分布有 1 级数字标牌，这些区域多表征郊区城市聚集中心的核心区，且与 0 级数字标牌在分布上略有重合，如黄村、良乡、通州新华大街等。

对于 2 级标牌，除极少数分布在北四环北方区域和望京东侧的望京街区域，其余 2 级数字标牌均在四环以内分布，其中又以海淀区、西城区以及朝阳区大望路区域为 2 级数字标牌分布的主要区域。2 级数字标牌空间分布不均匀性较强，反映区域经济发展具有一定不均衡性，它的分布明显偏向城市北部，与北京北部城市建设和发展快于南部的趋势一致。2 级数字标牌均分布在经济发展水平较高的区域，如北京 CBD 的核心区、西城传统商业区(西四—西单—宣武门)一线及东西两侧的缓冲区域、王府井、前门等商业区。在部分区域，如二环以外至四环间的海淀区部分，2 级数字标牌与 1 级数字标牌具有相间分布的特征，其原因是这一区域总体经济水平较高，经济发展程度相近，相对强一点的形成 2 级数字标牌分布区域，相对弱一点的形成 1 级数字标牌分布区域。然而，长椿街—和平门—前门一线的南北两侧，2 级和 1 级数字标牌具有交替分布特征，其原因是 2 级数字标牌较 1 级数字标牌空间服务范围广，相应要求区域经济发展水平更高，如长椿街—和平门—前门一线以北是明清北京城的内城，以南则是外城。在清朝以北京为都后，内城不能居住汉人，汉人必须迁往外城，内城只准八旗官兵和家眷、从属居住；而汉族百姓和官员居住在外城，清朝中后期这种界线逐渐打破。然而，内城居住达官显贵，外城则平民文化繁荣，这种空间格局作为北京城市商业经济空间格局被继承了下来，数字标牌空间分布与北京城市建设发展的历史过程具有显著的一致性。

综上所述，结合各等级数字标牌空间特征，0 级数字标牌中交通可达性指数值相对较高，因此，0 级数字标牌更多的是分布在各环路以及交通要道处；1 级数字标牌中表征商业网点规模属性值较高、交通网络可达性次之，故其分布的区域(见图 3.7)是商业网点分布密集且交通发达地区(见图 3.4)；2 级数字标牌分布较分布区其表征流动人口与受众的网络签到属性值较高，更多地分布在文娱旅游产业发达的二环路以内。另外，3 个等级的数字标牌均在大望路处呈现聚集分布态势，通过文献调研发现该区域在规划上属于北京市文化产业区、国家级文化产业基地和区级产业基地，高碑店民俗文化园区、竞园(北京)图片产业基地在该区域分布，因此，3 个等级的数字标牌均聚集分布在该区域。

3.4 数字标牌影响因素分析

对数字标牌播放价格、房价、商业网点、交通可达性和网络签到这 5 种影响因素进行频率分析统计(见表 3.3)，从表 3.3 的统计结果可以看出，除了数字标牌播放价格，其他 4 种因素的偏度和峰度统计量均大于 1，因此，它们都是不服从正态分布的数据。由于常见的 t 检验、卡方检验和方差分析等参数检验方法要求样本数据服从正态分布，不适合用于本书中数据分析。

表 3.3 属性描述量结果

影响因素	偏度		峰度	
	统计量	标准误差	统计量	标准误差
播放价格	0.712	0.040	−1.331	0.079
房价	1.712	0.040	4.007	0.079
商业网点	3.711	0.040	17.190	0.079
交通可达性	1.834	0.040	18.784	0.079
网络签到	9.730	0.040	157.736	0.079

Spearman 相关系数法可以描述不服从正态分布的数据的关联性，属于非参数统计方法。本节基于该方法对数字标牌播放价格分别与房价、商业网点从业人口表征的商业网点规模、交通可达性和社交网络签到 4 种属性进行相关性分析。观察两个变量间的置信度(双侧)(见表 3.4)，两个变量之间的置信度小于 0.01 时，这两个变量之间是显著相关的。通过观测变量之间的双侧值，可以看出在 0.01 的置信度水平下，数字标牌播放价格与商业网点、交通可达性、网络签到 3 种属性是显著相关的，与房价是不相关的。而通过数字标牌播放价格与网络签到、交通可达性和商业网点 3 种数字标牌影响因素之间的相关系数(见表 3.5)分别为 0.17、0.064、0.115，因此，网络签到属性与数字标牌播放价格相关性程度最高，而交通可达性因素与数字标牌播放价格相关性程度最低。

表 3.4 Spearman 相关分析——Sig.(双侧)

	网络签到	房价	交通可达性	商业网点
播放价格(Sig.(双侧))	0.000**	0.055	0.000**	0.000**

**：在置信度(双侧)为 0.01 时，相关性是显著的。

表 3.5　Spearman 相关分析——相关系数

	网络签到	房　价	交通可达性	商业网点
播放价格（相关系数）	0.170	0.031	0.064	0.115

由网络签到、交通可达性、人口表征的商业网点规模和房价属性数据与能够表征数字标牌规模的数字标牌广告每 15 分钟播放价格相关性分析可知，数字标牌受商业网点因素和网络签到因素影响较大，受交通可达性因素影响较小。

从网络签到因素来看，网络签到表示城市人群对位置的兴趣程度，表征流动人口与受众人口特征，网络签到密度值最高处主要为以北京大学、中国人民大学为主的大学区和复兴门、王府井、双井、潘家园、四惠、四元桥和 CBD 等地区。这也与数字标牌分布密集区相一致，说明城市区域经济的空间分布对人口流动具有吸引力，而这种吸引力又通过以受众的因子影响着数字标牌的空间分布格局，因此，网络签到因素与数字标牌之间有显著的相关性。

从商业网点因素来看，商业网点的分布规律和数字标牌分布在总体上是相似的，尤其是在三里屯、四惠、双井和 CBD 商务区，这里不仅是文娱产业繁荣区、而且是广告业繁荣地带，广告公司的就近投放户外广告或者为文娱企业投放广告均需要在此处布设数字标牌，这也是数字标牌在这些区域密集分布的原因之一。说明了商业网点规模因素与数字标牌之间也有显著的相关性。

从交通可达性因素来看，在各环路处和交通要道处的数字标牌，其交通影响因素权重占比大，通过统计主要环路与主干道 200m 范围内数字标牌数量可知其占到研究区内全部标牌的 54%，表明这些数字标牌与交通因素具有较大的相关性，其余数字标牌的交通影响因素较小。因此，总体上交通可达性因素与数字标牌之间具有相关性，但是相关性较小。

特别地，三里屯、四惠、双井和 CBD 商务区等地区及附近地区所组成区域外，该区域是北京文化产业集聚区之一，3 种影响因素在该区域均呈现密集状分布，表明此区域极其适合布设户外数字标牌，而数字标牌的核密度分布结果与此结论相契合，该区域也是数字标牌分布密集区域。

3.5　本章小结

本章介绍了 3 种空间点模式分析方法，并利用这 3 种方法对研究区的数字标牌的分布特征、集聚特征和尺度效应进行了分析，提出了 4 种空间等级性划分方法，同时分析了数字标牌空间分布特征、数字标牌等级性特征和数字标牌影响因素，为后续数字标牌推荐模型的构建奠定了基础。

第 4 章
基于内容推荐算法的数字标牌位置推荐模型

4.1 引言

位置推荐方法作为一种有效的信息过滤技术，由于具备地理空间属性的特点而受到了广泛关注。但目前的位置推荐算法研究存在以下问题。

（1）目前的位置推荐算法尚未探讨地理位置的空间特征。

（2）在研究的数据中没有考虑经济、人口等地理特征要素对位置推荐的影响。

（3）在分析各因素对推荐结果的影响时，通常是将区域作为一个整体进行的研究，但是在不同区域中，经济、人口等要素往往对推荐结果的影响程度不一样。

因此，本书将区域划分、地理位置的空间特征融入位置推荐算法中，从而实现受经济、人口等地理特征要素影响的数字标牌的位置推荐。

在本章中，将详细介绍位置推荐算法设计，并实现数字标牌的位置推荐。具体而言，推荐过程包括 3 个部分，推荐流程如图 4.1 所示。

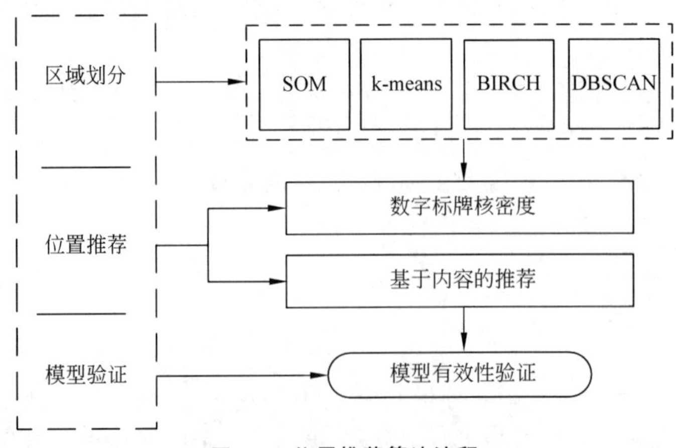

图 4.1　位置推荐算法流程

（1）要素区域划分：首先利用 4 种聚类算法对研究区进行区域划分，然后利用 CH 指数找到各算法中使区域划分达到效果最优的参数，最后利用最大信息系数来定义各分区中数字标牌区位因子对数字标牌分布的影响程度。

(2) 数字标牌位置推荐：首先利用核密度分析法估计数字标牌样本点在其相邻区域中的密度，然后利用欧氏距离计算数字标牌样本点之间的相似性，最后选出与未布设数字标牌相似性最高的前 3 个样本点，并将这 3 个样本点的相似性与其核密度值加权求平均，从而为每个未布设数字标牌的地块都算出一个在 0～1 的分数，该分数即表示该地块适合布设数字标牌的程度。

(3) 模型验证：利用精确率、召回率以及 F 值对数字标牌位置推荐模型进行有效性验证。

4.2　要素区域划分

对研究区的空间区域划分是将研究区在空间上依据影响因素进行划分，按照机器学习算法该类划分属于无监督学习，而空间聚类方法是机器学习中比较典型的无监督学习方法，能够根据样本数据的特征将其划分为不同的类[156]，在同一个类别中的样本之间特性相似，而属于不同类别中的样本之间特征相异。本书将选取 4 种应用比较广的聚类算法：k-means 算法、BRICH 算法、DBSCAN 算法以及 SOM 算法，通过实验对比得到最适合本文区域划分的算法。关于 k-means 算法、DBSCAN 算法和 SOM 算法的原理详见 3.1.2 节，下面对 BIRCH 算法进行简要阐述。

BIRCH (Balanced Iterative Reducing and Clustering Using Hierarchies，基于平衡迭代规约的层次聚类)算法由 Zhang T 等[157]提出，是一种典型的层次聚类算法。在该算法里有两个特有的概念：聚类特征(Cluster Feature，CF)以及聚类特征树(CF-tree)。其中，CF 是 BIRCH 算法的重点，多个 CF 节点共同组成了一棵 CF 树，而每个 CF 都由一个三元组构成，该三元组包含了类的全部信息。给定 m 个 d 维的数据集 $D=\{x_1, x_2, \cdots, x_d\}$，CF=($N$，LS，SS)，其中，$N$ 是该 CF 中包含样本点的数目，LS 是这个 CF 中 N 个样本点的特征属性和，SS 是这个 CF 中 N 个样本特征属性的平方和。如图 4.2 所示，BIRCH 算法是一种两阶段的方法，在第一阶段对数据集进行单次扫描，将数据集划分为很多最小簇(MinCluster)，并计算每个 MinCluster 的积累特征 CF。在第二阶

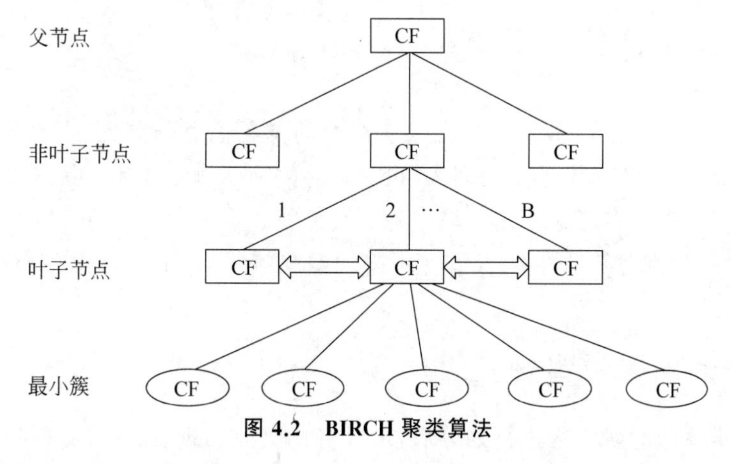

图 4.2　BIRCH 聚类算法

段，BIRCH 使用其他传统聚类算法，如 K 均值，对最小簇进行聚类，得到数据的最终聚类结果，即 CF-Tree。

BIRCH 算法的优点如下。

(1) 节省存储空间，因其非叶子节点仅存储一组 CF 值，及指向父节点和孩子节点的指针，不需要保存该节点对应的数据，因此其能够节省存储空间。

(2) 聚类结构更新效率高，其合并两个聚类簇只需要将两个节点对应的 CF 三元组进行算术相加即可。

(3) 可识别噪声点，对于包含数据点少的最小簇，可将其识别为噪声点数据，进行过滤。

(4) 平衡树，BIRCH 的 CF 树是一个平衡树，所有叶子节点在同一层。

BIRCH 算法有如下缺点。

(1) 生成的聚类结果依赖于数据点的插入顺序。假设对同一个数据集多次运行 BIRCH 算法，如果数据插入的顺序不同，则最终生成的聚类结果可能会不同。本属于同一个簇的点可能由于插入顺序相差很远而分到不同的簇中，即使同一个点在不同的时刻被插入，也会被分到不同的簇中。

(2) 对非球状的簇聚类效果不好，主要原因是其采用的簇直径和簇间距离的计算方法。

(3) 对高维数据聚类效果不好，高维数据面临“维度诅咒”问题。

(4) 由于 CF 树对每个节点的子节点个数有限制，每个节点只能包含一定数目的子节点，最后得出的聚类簇可能不能很好地反应数据集的真实情况，与自然簇相差很大。

(5) 整个算法运行过程中一旦中断，一切必须从头再来。

在聚类过程中，由于每个聚类算法都有很多参数，这些参数会影响聚类的质量，因此，需要反复实验选取使聚类效果达到最优的参数，而评价聚类效果的方法有很多，本书选取 CH 指数来测算 4 种算法中不同参数的聚类效果，该指数值越高表明其聚类效果越好，根据该指数的大小就可以得到各算法中的最优参数。关于 CH 指数的计算方法详见 3.1.2 节。

4.3 数字标牌位置推荐

数字标牌的位置推荐研究就是将数字标牌的位置信息与其区位因子作为输入条件，为数字标牌输出待布设地点的列表，也就是为数字标牌的选址及其广告精准投放提供位置信息。本书综合考虑不同区域中各数字标牌影响因素对数字标牌布设的影响程度，在基于内容的推荐算法中融入数字标牌的空间特征，从而构建数字标牌位置推荐模型。

4.3.1 影响因素权重计算

通过聚类算法对研究区进行划分后，可以将相似特征的地点聚到一起，在这些地点中，各影响因素对数字标牌布设的影响程度各不相同，为了精确衡量各影响因素对数字标牌布设的影响程度，本书利用最大信息系数来计算各分区中影响因素对数字标牌布设的影响程度。

最大信息系数(Maximal Information Coefficient，MIC)[158]是相对新颖的统计方法，它能够较好地实现相关变量计算中的公平性以及通用性，并能够有效衡量变量之间存在的各种关系。MIC定义为

$$\mathrm{MIC}(D)=\max_{xy<B(n)}\{\boldsymbol{M}(D)_{x,y}\} \tag{4-1}$$

其中，$B(n)$为网格划分$x\times y$的上限值，x表示将数字标牌区位因子所集成变量A的值域分成x段，y表示将数字标牌样本点集B的值域分为y段，即为$x\times y$网格，$\boldsymbol{M}(D)_{x,y}$为定义的区位因子矩阵。

在本章中，将已经划分好的区域中的数字标牌区位因子作为样本A，得到的MIC值即代表这种区位因子在该区域中的权重，最终可以得到每个地块各区位因子的最优比例关系。再将区位因子向量$\boldsymbol{A}_i(\boldsymbol{A}_i=\{A_1,A_2,\cdots,A_n\},i=1,2,\cdots,n;\boldsymbol{A}_i$表示第$i$个地块的区位因子样本，$\boldsymbol{A}_n$表示第$n$个区位因子)和其区位因子权重$\boldsymbol{B}_i(\boldsymbol{B}_i=\{B_1,B_2,\cdots,B_n\},i=1,2\cdots,n;\boldsymbol{B}_i$表示第$i$个地块中的区位因子，$\boldsymbol{B}_n$表示第$n$个区位因子权重)求乘积作为推荐算法的数据源($\boldsymbol{A}_n\times\boldsymbol{B}_n$)。

4.3.2 基于内容的推荐算法

通过1.3节中关于推荐算法的描述可以发现，其中，协同过滤算法只考虑了用户-项目对应的评分矩阵，对应本研究的格网-数字标牌矩阵，通过前期的数据探索发现格网-数字标牌矩阵过于稀疏，不仅会造成推荐计算的高复杂性，其推荐结果也比较差。同时，数字标牌布设受多个要素影响，在推荐过程中考虑这些要素能够提高推荐的准确性，而基于内容的推荐算法恰好充分考虑了用户和项目的特征，因此，本节将以基于内容的推荐算法为基础来进行数字标牌的位置推荐。

基于内容的推荐算法的推荐过程分为三步：首先分析用户所有的历史信息，从而可以得到用户的兴趣特征；然后分析项目本身的内容信息，从中提取能够描述项目特征的属性；最后将得到的用户的兴趣特征与项目的特征进行匹配，并将其结果作为推荐。

本章在数字标牌位置推荐时以已布设数字标牌的地点为基础，将已布设数字标牌的地点中各数字标牌的影响因素作为数字标牌的兴趣特征，将未布设数字标牌的地点中各数字标牌影响因素作为数字标牌属性特征。然后使用欧氏距离测算已布设数字标牌地点和未布设数字标牌地点的相似性，并保存相似性计算的结果作为后续推荐的因子。

欧氏距离[159](见式(4-2))是现在常用的距离计算方法，用于测量空间中各变量之间的关系，取值为0～1，取值越大说明这两个变量之间的相似性越大。因此，本章采用欧氏距离作为距离度量方法。

$$\mathrm{dist}(X,Y)=\sqrt{\sum_{i=1}^{n}(x_i-y_i)^2} \tag{4-2}$$

其中，X 和 Y 表示两个样本点，x_i 表示样本 X 中的第 i 个特征，y_i 表示样本 Y 中的第 i 个特征。

4.3.3 数字标牌位置推荐计算

为了在推荐时综合考虑数字标牌要素数据及其空间特征，本节将数字标牌的空间特征融入基于内容的推荐算法中，从而实现对受经济、人口等地理特征要素影响的数字标牌位置推荐。

将利用最大信息系数赋予权重后的数据作为数据源；然后采用 3.1.1 节中的核密度方法计算得到的数字标牌样本点在其附近邻域范围中的密度，将其作为一个推荐因子，同时将基于内容的推荐算法中得到的未布设数字标牌样本点和已布设数字标牌样本点之间的相似性作为另一个推荐因子；最后将两个推荐因子加权求平均，从而为每个未布设数字标牌的地块都算出一个在 0～1 的分数，该分数即表示该地块适合布设数字标牌的程度。其流程如图 4.3 所示。

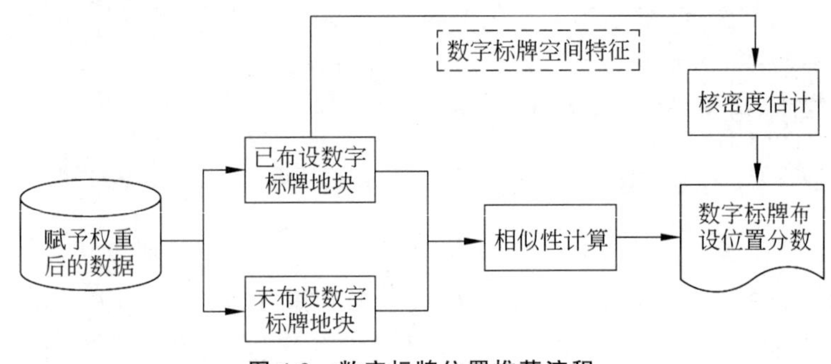

图 4.3 数字标牌位置推荐流程

4.4 实验与分析

4.4.1 评价指标

本节采用精确率、召回率以及 F 值 3 个评价指标验证数字标牌位置推荐的效果，利用精确率来计算实际应该布设数字标牌的样本占利用位置推荐模型得到的应该布设数字标牌样本的比例；利用召回率计算通过位置推荐模型得到的应该布设数字标牌的样本占实际应该布设数字标牌样本的比例；利用 F 值来综合模型的精确率与召回率。

精确率[160]是针对模型预测结果的常用评价指标，它的含义是算法预测结果为正类的样本中实际为正的数据所占的比例。而预测为正类时将会有两种可能，一种是将实际的正类预测成正类(即真阳性，True Positive，TP)，还有一种是将实际的负类预测成正类(即假阳性，False Positive，FP)，则精确率的计算公式如式(4-3)所示。

$$P=\frac{\mathrm{TP}}{\mathrm{TP}+\mathrm{FP}} \tag{4-3}$$

召回率[161]是另外一个常用的模型评价指标，该指标表示给定样本中含有的正例有多少被模型预测为正，该情况也有两种可能，一种是将实际为正的类别预测为正类(TP)，还有一种是将实际为正的类别类预测成负类(即假阴性，False Negative，FN)。召回率的计算公式如式(4-4)所示。

$$R=\frac{\mathrm{TP}}{\mathrm{TP}+\mathrm{FN}} \tag{4-4}$$

准确率(P)和召回率(R)指标分别统计了模型在不同方面的表现，在实际验证时需要对它们进行综合考虑，F 值[162]则是综合考虑 P 和 R 指标的评估指标。F 值的计算公式如式(4-5)所示。

$$F=\frac{2\times P\times R}{P+R} \tag{4-5}$$

4.4.2　区域划分结果

将相关分析得到的数字标牌影响因素作为模型的输入，利用 SOM、k-means、BIRCH、DBSCAN 算法对研究区进行区域划分，通过多次实验，调节各算法的参数，然后根据聚类质量指标(CH 指数)找到各算法中使区域划分达到效果最优的参数。

表 4.1 列出了各算法可以调节的参数，图 4.4～4.7 记录了 4 种算法的聚类质量随不同参数的变化情况。

表 4.1　4 种聚类算法参数

聚类算法	参　数	默认值
BIRCH	branching_factor	50
	threshold	0.5
DBSCAN	eps	0.5
	min_samples	5
k-means	k	无
SOM	neurons	无
	rate	无

从图 4.4 可以看出，在 BIRCH 算法中，对于相同的 threshold 值，CH 指数值随不同 branching_factor 值的变化情况基本相同，而 threshold 值过小时 CH 指数值明显降低，当 branching_factor＝4，threshold＝0.20015 时 CH 指数值达到最大。

从图 4.5 可以看出，在 DBSCAN 算法中，对于相同的 eps 值，CH 指数值随着 min_samples 值的增加先增加而后基本不变，对于相同的 min_samples 值，CH 指数值随着 eps 值增大而减小，当 min_samples＝8，eps＝0.05 时 CH 指数值达到最大。

从图 4.6 可以看出，在 k-means 算法中，CH 指数值随着 k 值的增大而减小，当 $k=2$ 时 CH 指数值最大。

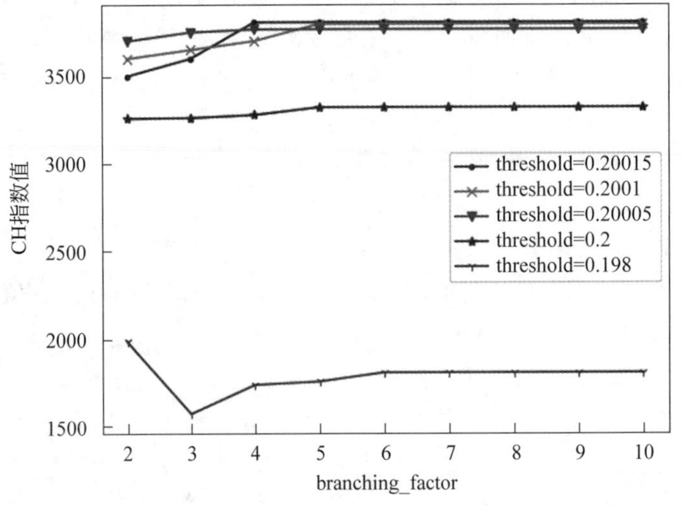

图 4.4 不同参数下 BIRCH 算法的聚类质量

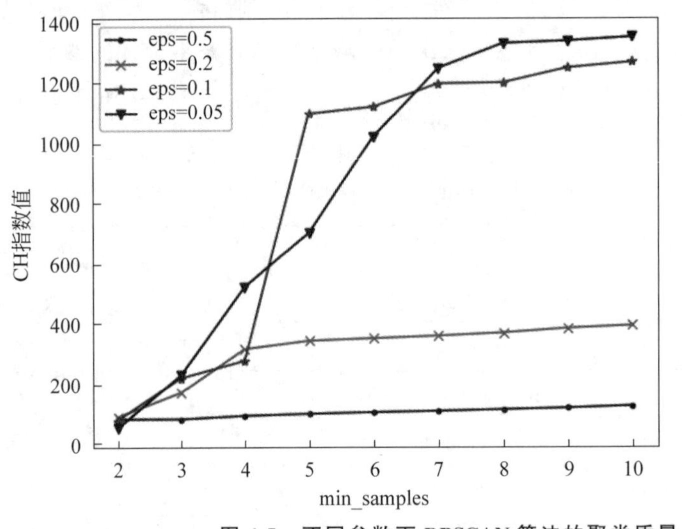

图 4.5 不同参数下 DBSCAN 算法的聚类质量

从图 4.7 可以看出，在 SOM 算法中，在相同的 rate 值下，CH 指数值随着 neurons 值的增加先增加然后减小，对于不同的 rate 值，CH 指数值随不同 neurons 值的变化情况基本相同，当 rate＝0.1，neurons＝3 时 CH 指数值最大。

将 CH 指数值最大的参数作为聚类的最优参数，然后对比各算法在最优参数下的 CH 值，结果如图 4.8 所示。从图中可以看出，利用 k-means 算法对研究区进行划分时的 CH 值最大，而利用 DBSCAN 算法对研究区进行划分时的 CH 值最小，但 CH 值通常用于评价特定聚类算法的不同参数的聚类质量，对于不同算法的聚类效果的评价情况尚待考察，因此，为了更加准确地选取最适合本文区域划分的聚类算法，下面对利用 4 种算法分区后的推荐结果进行对比分析。

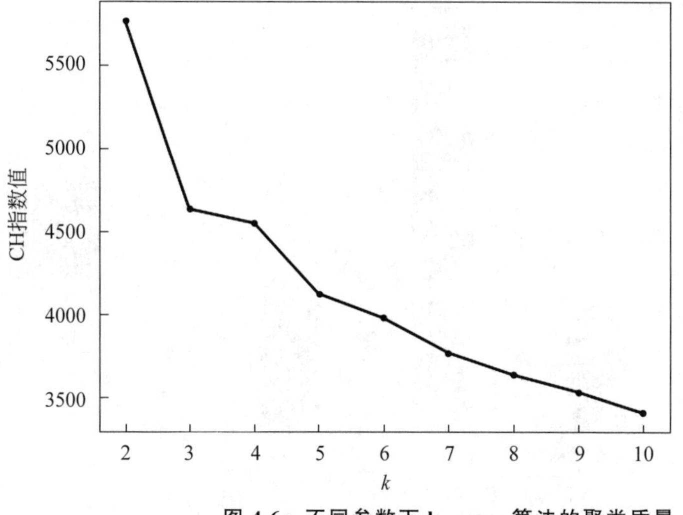

图 4.6　不同参数下 k-means 算法的聚类质量

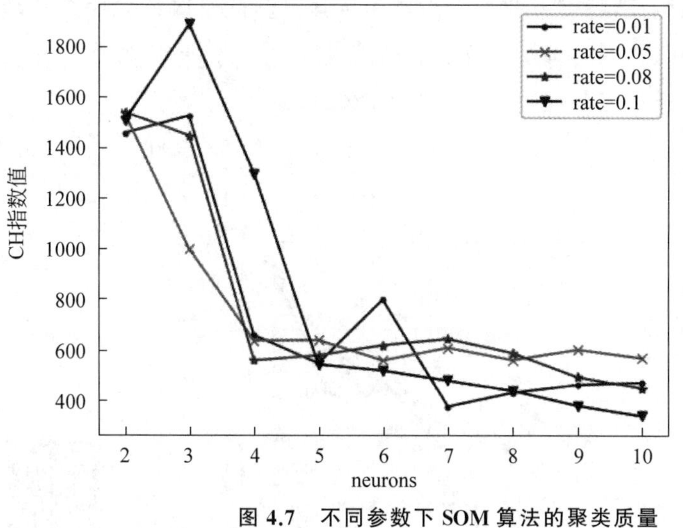

图 4.7　不同参数下 SOM 算法的聚类质量

将得到的 4 种聚类的最优参数作为各算法的聚类参数对研究区进行区域划分，利用 MIC 计算各分区中区位因子对数字标牌分布的影响程度，即区位因子权重，然后将区位因子权重与区位因子求乘积作为推荐算法的数据源。

4.4.3　位置推荐结果

将影响因素与区域划分后得到的影响因素的权重的乘积作为数据源，将已布设数字标牌的样本点作为正样本，从未布设数字标牌的样本点中随机选取和已布设数字标牌个数相同的样本作为负样本，从而构建推荐模型的样本集。为了使模型的推荐结果更准确可靠，本节利用十折交叉法进行推荐实验，也就是把样本集均匀分为 10 份，迭代

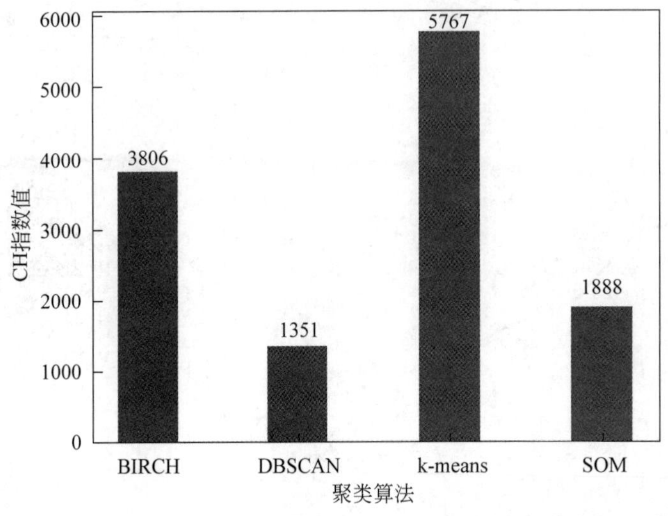

图 4.8 4 种算法的 CH 指数值比较

时将里面的 9 份当作训练集，将剩下的 1 份当作测试集，进行 10 次试验后将其结果加权求平均作为最终的训练结果。将推荐分数的阈值设为 0～0.9，步长为 0.1，样本推荐分数的阈值越高说明该样本点布设数字标牌的可能性越大。

图 4.9 为 5 种算法在不同推荐分数阈值中推荐精确率的波动变化示意图，从图 4.9 中可以发现如下结果。

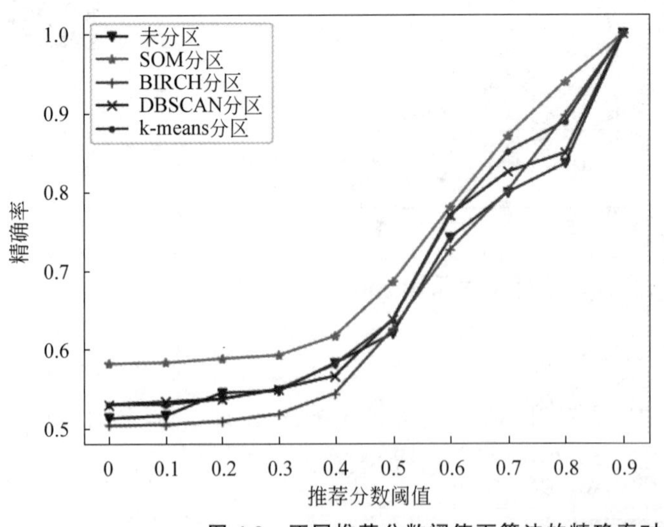

图 4.9 不同推荐分数阈值下算法的精确率对比

(1) 在推荐分数阈值范围内，5 种算法的精确率都取得了不错的效果，其最小值在 0.5 左右，而最大值则达到了 1，在分数阈值为 0～0.4 时精确率随着推荐分数阈值的增加而缓慢增加，而在 0.5～0.9 时精确率随着推荐分数阈值的增加而急剧增加。

(2) 在推荐分数阈值范围内，经过 SOM 算法分区后模型的精确率明显高于其他 4

种算法；经过 k-means 和 DBSCAN 算法分区后的模型精确率在阈值分数为 0.2～0.4 时和未分区的模型精确率接近，而在其他阈值分数范围略高于未分区；在推荐分数阈值范围内，经过 BIRCH 分区后模型的精确率明显低于经过 SOM、k-means 及 DBSCAN 算法分区后的模型精确率，而在推荐分数阈值为 0～0.5 时，经过 BIRCH 分区后模型的精确率低于未分区，在推荐分数阈值大于 0.5 时，经过 BIRCH 分区后模型的精确率略高于未分区。

推荐模型的召回率对比如图 4.10 所示，从图中可以发现如下结果。

(1) 在推荐阈值范围内，5 种算法的召回率变化呈倒 U 形，在推荐分数阈值为 0～0.4 时，5 种算法的召回率随推荐分数阈值的增加而缓慢减小，在阈值分数大于 0.4 时，5 种算法的召回率随推荐分数阈值的增加而急剧减小，并最终接近 0。

(2) 在推荐分数阈值为 0～0.4 时，5 种算法的召回率基本相等，在阈值分数大于 0.4 时，经过 SOM 分区后的模型召回率略高于其他 4 种算法；在推荐分数阈值范围内，经过 DBSACN、k-means 以及 BIRCH 算法未分区的模型召回率基本相等且略高于未分区。

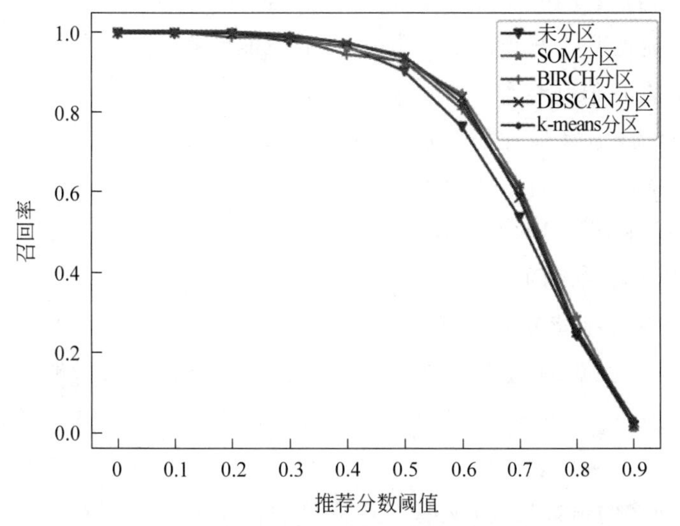

图 4.10　不同推荐分数阈值下算法的召回率对比

从图 4.9 和图 4.10 可以看出，在不同的推荐分数下，P 和 R 的值不能同时达到最佳值，因此选择 F 值来综合考虑 P 和 R，当 F 达到峰值时 P 和 R 是综合最好的。推荐模型的 F 值对比如图 4.11 所示，从图 4.11 中可以发现如下结果。

(1) 在推荐分数阈值为 0～0.5 时，5 种算法的 F 值都随着推荐分数阈值的增加而缓慢增加，在推荐分数阈值为 0.6 时达到最大值，而当推荐分数阈值大于 0.6 时，5 种算法的 F 值随着阈值分数的增加而急剧减小，并最终接近 0。

(2) 在推荐分数阈值范围内，经过 SOM 算法分区后模型的 F 值明显高于其他 4

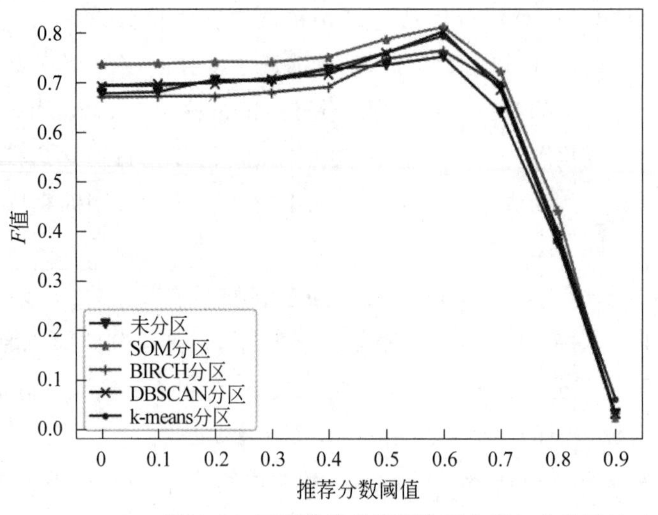

图 4.11 不同推荐分数阈值下分区与未分区的 *F* 值对比

种算法；在推荐分数阈值范围内，经过 k-means 和 DBSCAN 算法分区后的模型 F 值基本相等且略高于未分区和经过 BIRCH 分区后的模型 F 值；在推荐分数阈值为 0～0.5 时，经过 BIRCH 分区后模型的 F 值略低于未分区，而在推荐分数阈值大于 0.5 时，经过 BIRCH 分区后模型的 F 值则略高于未分区。

由以上对本章提出的位置推荐算法的有效性验证结果分析可知如下结果。

(1) 根据精确率、召回率以及推荐分数阈值的含义，随着推荐分数阈值的增加精确率增加而召回率减小，本章得到的结果与此吻合，说明本章提出的耦合多源要素的数字标牌位置推荐算法是切合实际情况的。

(2) 5 种算法的 F 值都在推荐分数阈值为 0.6 时达到最大值，说明此时模型的精确率和准确率综合最好，因此，将该值作为数字标牌位置推荐分数阈值能够在保证推荐精确率的同时具有较好的召回率；同时，在推荐分数阈值为 0.6 时对 5 种算法的精确率和召回率进行统计，结果如表 4.2 所示，从表中可以看出 5 种算法在该推荐分数阈值时的精确率和召回率的值都较高，说明本章提出的推荐算法具有较好的推荐效果。

表 4.2 推荐分数阈值为 0.6 时的准确率与召回率对比

算　法	精　确　率	召　回　率
SOM	0.7797	0.8456
DBSCAN	0.7704	0.8353
k-means	0.7678	0.8200
BIRCH	0.7262	0.8059
未分区	0.7413	0.7619

(3) 经过 SOM 分区后的模型的精确率、召回率都明显高于其他四种算法,说明经过 SOM 分区后模型的推荐效果最好;而利用 k-means、BIRCH 以及 DBSCAN 算法对研究区进行分区对推荐结果的影响效果不明显。

为了进一步说明利用 SOM 算法对研究区进行区域划分对推荐效果的影响,本章推荐分数阈值 0.6 作为推荐数字标牌的阈值,即当样本点的推荐分数阈值大于 0.6 时,认为该样本点适合布设数字标牌,利用经过 SOM 分区和未分区构建的位置推荐模型对未布设数字标牌的地方进行推荐,推荐可视化结果如图 4.12 和图 4.13 所示。从图中可以看出,两种算法得到的适合布设数字标牌的区域大体一致,适合布设数字标牌的集聚区域主要分布在金融街、王府井、北京西站以及五环外西北方向的旅游景点等区域。然而在部分区域,两种算法得到的结果稍有差别。例如,在图 4.13 中,模型推荐少量数字标牌集中分布在通燕高速北部,而在图 4.12 中模型并不推荐在该区域布设数字标牌。两种模型都推荐少量数字标牌分布在东五环外的东南方向,但图 4.13 所示的数字标牌的分布区域相对图 4.12 所示的较多,这种情况可以通过精确率来解释,由于未分区的模型精确率低于经过 SOM 分区的模型精确率,而精确率越低,说明不应该布设数字标牌的样本被模型推荐为应该布设数字标牌的可能性越高,即未分区的模型将更多不应该布设数字标牌的地方推荐为适合布设数字标牌。

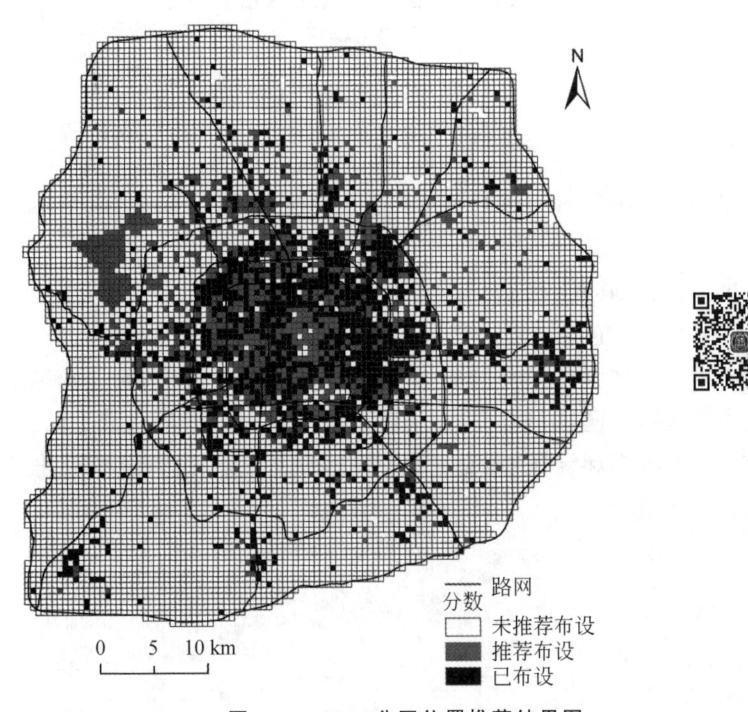

图 4.12　SOM 分区位置推荐结果图

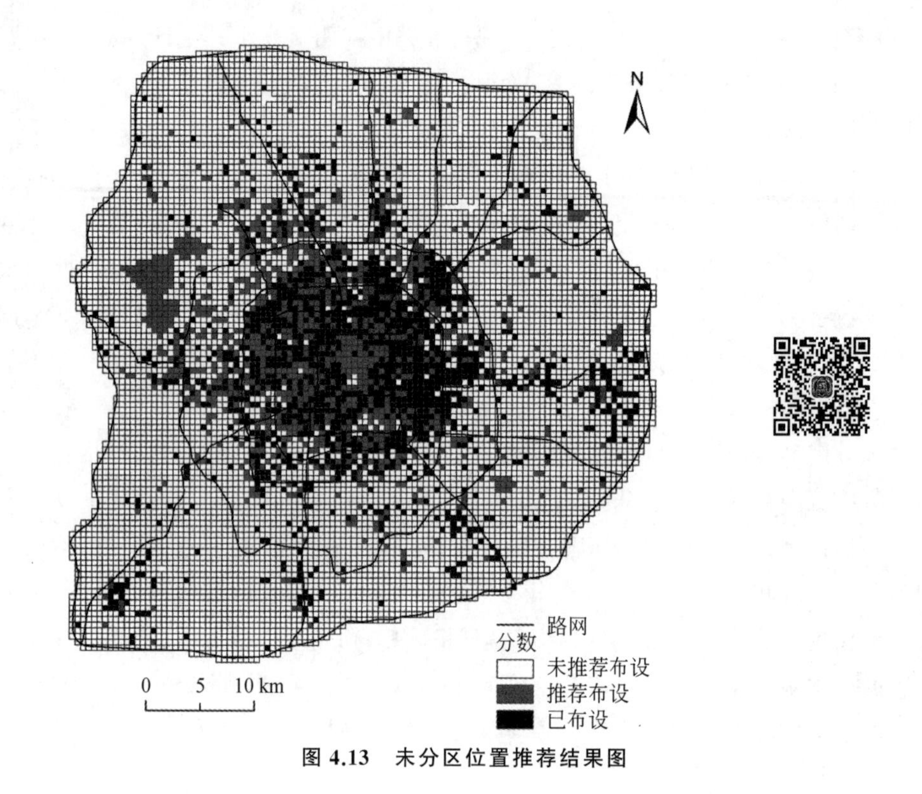

图 4.13 未分区位置推荐结果图

4.5 本章小结

本章提出了耦合多源要素的位置推荐算法。算法利用 4 种聚类算法对研究区进行划分,将区域划分后的要素数据作为数据源,利用核密度分析方法得到数字标牌在其周围邻域中的密度,然后将其融入基于内容的推荐算法中进行数字标牌位置推荐,最后利用精确率、召回率以及 F 值对算法进行有效性评价。算法将区域划分、数字标牌的空间特征融入基于内容的推荐算法中,为在基于内容的推荐算法中融入地理特征及其要素数据提供了参考依据。同时,算法的评价结果表明利用本章提出的方法进行位置推荐能够具有较高的准确率和精确率,说明本章提出的推荐算法具有较好的推荐效果,可以进一步提高推荐质量。

第 5 章

集优Huff模型与预测方法的数字标牌位置优选模型

选址模型主要分为 3 步。首先利用改进的 Huff 模型计算数字标牌空间可达性，并使用 k-means 聚类算法将计算结果分为高、中、低 3 类，得到 100～1000m 不同等级的数字标牌空间可达性；第二步使用 BP 神经网络、随机森林（Random Forest，RF）和支持向量机回归算法分别计算研究区数字标牌的布设潜力，并使用聚类算法将计算结果分为高、中、低 3 类；最后，将上述图层进行叠置分析，结果即最终选址结果。

5.1　基于 Huff 模型的数字标牌位置初步筛选

初步选址是指结合区位内数字标牌的播放价格、签到数量以及数字标牌与受众之间的距离，计算区位内数字标牌空间可达性，初步筛选出需要布设数字标牌的区位。而 Huff 模型作为经典的商业选址模型，其考量的正是零售店与顾客之间的距离，以及零售店本身的占地面积。故而结合数字标牌选址的实验需求，改进 Huff 模型使其能够计算以签到数据为中心的数字标牌空间可达性，并使用 k-means 聚类算法对空间可达性计算结果做等级划分，通过实验对比得到数字标牌空间可达性不同等级的空间范围。

1. Huff 模型

Huff 模型[163]是经典的商业选址模型，由美国加利福尼亚大学的经济学者戴维哈夫（D.L.Huff）教授于 1963 年提出。Huff 模型从消费者的立场出发，其认为消费者前往某一商店发生消费的概率，取决于该商店的营业面积、规模实力和时间 3 个主要因素[164]。商店的营业面积大小反映了该商店商品的丰富性，商店的规模实力反映了该商店的品牌质量、促销活动和信誉等，从居住地到该商业设施的时间长短反映了顾客到目的地的方便性。同时，Huff 模型中还考虑到不同地区商业设备、不同性质商品的利用概率。令 P_{ij} 代表位于地点 i 的消费者在商店 j 进行消费的概率，则 P_{ij} 的计算方法如式(5-1)所示。

$$P_{ij}=\frac{\dfrac{S_j}{T_{ij}^{\beta}}}{\sum\limits_{j=1}^{n}\dfrac{S_j}{T_{ij}^{\beta}}} \tag{5-1}$$

式(5-1)中,T_{ij} 表示可到达商店的时间(这里指到商店距离的计算);S_j 代表商店销售区域的面积;n 表示互相竞争的零售商业中心或商店数;β 是根据经验估计的参数,表示形成所需时间对消费者的不同消费行为的影响程度。

2. 改进的 Huff 模型

基于 Huff 模型的计算框架,结合数字标牌选址的实际需求,将其改进为以标准格网中的签到点为中心,计算数字标牌对单位区域内人口的吸引力(见图 5.1),并以此表征数字标牌的空间可达性,如式(5-2)所示。

$$a_i = \sum_{j=1}^{m} \frac{\text{num}_i \times p_j}{d_{ij}^2} \tag{5-2}$$

$$A_G = \frac{\sum_{i=1}^{n} a_i}{n} \tag{5-3}$$

式(5-2)中,i 表示签到点数据,j 表示数字标牌点数据;num_i 表示签到数据点的签到次数;p_j 表示数字标牌的价格;d_{ij} 表示签到点与数字标牌之间的距离;a_i 表示一个格子中的某一个签到点与所有数字标牌数据点的 $\frac{\text{num}_i \times p_j}{d_{ij}^2}$ 之和,表征此签到数据点到达数字标牌的能力;A_G 表征一个格子到达数字标牌的平均能力;n 为一个格子中签到点的个数。

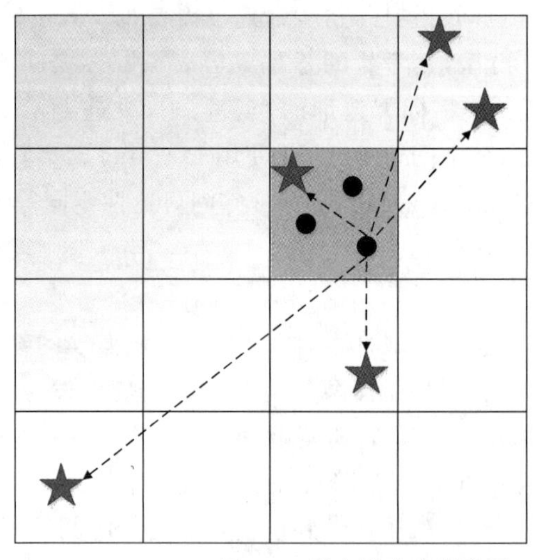

图 5.1 受众影响力示意图

5.2 基于机器学习方法的数字标牌位置精细筛选

数字标牌布设潜力是将多尺度区位因子作为自变量,归一化后的数字标牌广告播放价格作为因变量,预测单位区域内数字标牌的布设潜力。典型的预测类算法有 BP

神经网络、支持向量机回归和随机森林等。由于数据集与数据特征的差异，并不存在一种通用的预测方法适用于所有数据集，因此，本章进行对比实验，以均方根误差（Root Mean Squared Error，RMSE）作为评价指标，选取最合适的算法以及最适宜的尺度来进行区域的数字标牌布设潜力预测。

1. BP 神经网络

BP 神经网络由输入层、隐藏层、输出层组成[165]。其训练过程为首先初始化网络的突触权值和阈值矩阵，并将训练样本呈现出来；其次是前向传播计算，接下来是误差反向传播计算并更新权值；最后是迭代，用新的样本进行前向传播计算和误差反向传播计算，直至满足停止准则。

2. 支持向量机回归

支持向量机回归（Support Vector Regression，SVR），简单来说，就是找到一个回归平面（见图 5.2），让一个集合的所有数据到该平面的距离最近[166]。支持向量回归模型的模型函数也是一个线性函数：$f(\boldsymbol{x})=\boldsymbol{w}^{\mathrm{T}}\boldsymbol{x}+b$，和线性回归（Linear Regression，LR）是两个不同的回归模型，不同在于计算损失的原则不同，目标函数和最优化算法也不同。

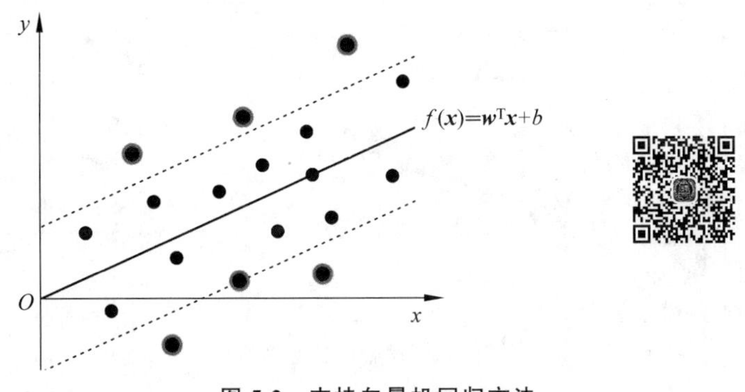

图 5.2　支持向量机回归方法

SVR 是 SVM 的一个重要应用分支。其与 SVM 分类的区别在于：SVR 的样本点最终只有一类，它所寻求的最优超平面是使所有的样本点离超平面的总偏差最小，而 SVM 的目标是使到超平面最近的样本点的“距离”最大。

SVM 运用于回归问题的原理如下。

假设给定训练样本集$\{(\boldsymbol{x}_1,y_1),(\boldsymbol{x}_2,y_2),\cdots,(\boldsymbol{x}_n,y_n)\}$，其中 $\boldsymbol{x}_i\in\mathbf{R}^d$，$y_i\in\mathbf{R}$，$i=1,2,\cdots,n$，考虑线性回归函数（见式（5-4））来估计。

$$f(\boldsymbol{x})=\boldsymbol{w}^{\mathrm{T}}\boldsymbol{x}+b \tag{5-4}$$

为了使得式（5-4）应用于高维空间，采用最小化欧几里得空间范数来寻找最小的 $\boldsymbol{w}$。假设所有的训练数据$(\boldsymbol{x}_i,y_i)$都可以在 ε 这一精度下用线性函数进行拟合，进而将寻找最小 $\boldsymbol{w}$ 的问题转化为凸优化问题。

$$T = \min \frac{1}{2} \| \boldsymbol{w} \|^2 \tag{5-5}$$

约束条件为

$$\text{s.t.} \begin{cases} y_i - \boldsymbol{w}^{\mathrm{T}} \boldsymbol{x}_i - b \leqslant \varepsilon \\ \boldsymbol{w}^{\mathrm{T}} \boldsymbol{x}_i + b - y_i \leqslant \varepsilon \end{cases} \tag{5-6}$$

由于允许拟合误差的情况，故引入松弛因子 $\xi_i \geqslant 0$ 与 $\xi_i^* \geqslant 0$，与最优分类超平面中的最大化间隔相仿，回归估计问题转化为式(5-7)与式(5-8)的问题。

$$T = \min \frac{1}{2} \| \boldsymbol{w} \|^2 + C \sum_{i=1}^{n} (\xi_i + \xi_i^*) \tag{5-7}$$

其中，$C>0$ 用于平衡回归函数 f 的平坦程度和偏差大于 ε 样本点的个数。约束条件为

$$\text{s.t.} \begin{cases} y_i - \boldsymbol{w}^{\mathrm{T}} \boldsymbol{x}_i - b \leqslant \varepsilon + \xi_i \\ \boldsymbol{w}^{\mathrm{T}} \boldsymbol{x}_i + b - y_i \leqslant \varepsilon + \xi_i^* \\ \xi_i \geqslant 0 \\ \xi_i^* \geqslant 0 \end{cases} \text{，其中 } i = 1, 2, \cdots, n \tag{5-8}$$

式(5-7)和式(5-8)是基于以下 ε 不敏感损失函数所得。该函数表示如式(5-9)所示。

$$| \xi | \varepsilon = \begin{cases} 0 & | \xi | \leqslant \varepsilon \\ | \xi | - \varepsilon & | \xi | > \varepsilon \end{cases} \tag{5-9}$$

其函数图如图 5.3 所示。损失函数仅计算阴影区以外的样本点。

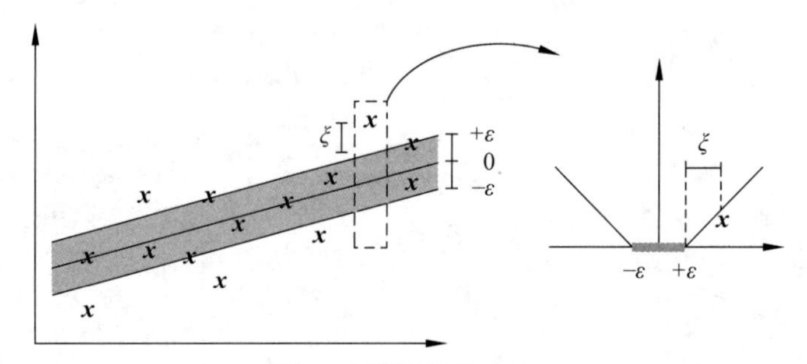

图 5.3 松弛回归方法

在样本点数目较少的情况下，求解上述支持向量机常利用对偶理论，转化为二次规划问题。

建立 Lagrange 方程，如式(5-10)所示。

$$l(\boldsymbol{w}, \xi, \xi^*) = \frac{1}{2}(\boldsymbol{w} \cdot \boldsymbol{w}) + C \sum_{i=1}^{n} (\xi_i + \xi_i^*) - \sum_{i=1}^{n} \alpha_i (\varepsilon + \xi_i + y_i - (\boldsymbol{w}^{\mathrm{T}}, \boldsymbol{x}_i) - b) - \cdots - \sum_{i=1}^{n} \alpha_i (\varepsilon + \xi_i^* + y_i - (\boldsymbol{w}^{\mathrm{T}}, \boldsymbol{x}_i) - b) \sum_{i=1}^{n} (\eta_i \xi_i + \eta_i^* \xi_i^*) \tag{5-10}$$

其中，$\boldsymbol{w}, b, \xi_i$ 与 ξ_i^* 的偏导数为 0，代入式(5-10)中得到对偶优化问题式(5-11)与式(5-12)。

$$T = \min \frac{1}{2} \sum_{i,j=1}^{n} (\alpha_i - \alpha_i^*)(\alpha_j - \alpha_j^*) < \boldsymbol{x}_i, \boldsymbol{x}_j > + \sum_{i=1}^{n} \alpha_i (\varepsilon - y_i) + \sum_{i=1}^{n} \alpha_i^* (\varepsilon + y_i) \tag{5-11}$$

约束条件为

$$\text{s.t.}\begin{cases}\sum_{i=1}^{n}(\alpha_i-\alpha_i^*)=0\\ \alpha_i,\alpha_i^*\in[0,C]\end{cases}\tag{5-12}$$

对于非线性回归,首先通过一个非线性映射核函数将数据映射到高维特征空间,再在此空间内进行线性回归,进而取得在原空间非线性回归的效果,这样避免了在高维空间点积的计算,使计算复杂度不增加。

假定样本 X 采用非线性函数 $\phi(X)$映射到高维空间,则非线性回归问题转换为约束(见式(5-12))下最小化函数(见式(5-13))。

$$T=\min\frac{1}{2}\sum_{i,j=1}^{n}(\alpha_i-\alpha_i^*)(\alpha_j-\alpha_j^*)<\phi(\boldsymbol{x}_i),\phi(\boldsymbol{x}_j)>+\sum_{i=1}^{n}\alpha_i(\varepsilon-y_i)+\sum_{i=1}^{n}\alpha_i^*(\varepsilon+y_i)\tag{5-13}$$

从而得到 $\boldsymbol{w}=\sum_{i=1}^{n}(\alpha_i-\alpha_i^*)\phi(\boldsymbol{x}_i)$。

在支持向量机回归中,常引用核函数来简化非线性逼近,使得函数求解绕过特征空间,直接在输入空间上求取。

本节分别使用 RBF、Linear、Poly 三种核函数计算数字标牌布设潜力,三种核函数的公式分别如式(5-14)~式(5-16)所示。径向基函数(Radical Basis Function,RBF)能将输入样本映射到高维特征空间,解决一些原本线性不可分的问题。其在神经网络领域扮演着重要的角色,具有唯一最佳逼近的特性。线性核和逻辑回归本质上没有区别,当特征维度和样本数量差不多时,基于线性核可得到较好的效果。多项式(Poly)核函数解决研究中非线性映射函数的形式和参数、特征空间维数等问题。

$$\phi\_\text{RBF}(\boldsymbol{x}_i,\boldsymbol{x}_j)=\exp\left(\frac{-\|\boldsymbol{x}_i-\boldsymbol{x}_j\|^2}{\delta^2}\right)\tag{5-14}$$

$$\phi\_\text{Linear}(\boldsymbol{x}_i,\boldsymbol{x}_j)=\boldsymbol{x}_i\cdot\boldsymbol{x}_j\tag{5-15}$$

$$\phi\_\text{Ploy}(\boldsymbol{x}_i,\boldsymbol{x}_j)=(\boldsymbol{x}_i\cdot\boldsymbol{x}_j+t)^d\tag{5-16}$$

3. 随机森林

随机森林(RF)是一种监督学习(Supervised Learning,SL)方法[167]。随机森林属于集成学习范畴,其组合多个弱监督模型以得到一个强监督模型。其中引导聚集算法的特点是各弱学习器之间没有依赖关系,可以实现并行拟合。随机森林在 Bagging 的基础上实现,其使用的弱学习器为决策树。随机森林示意图如图 5.4 所示。

使用随机森林进行回归预测的计算流程如下。从原始数据随机有放回地抽取 N 个样本单元,即对于 $n=1,2,\cdots,N$。对训练集进行第 n 次随机采样,共采集 m 次,得到包含 m 个样本的采样集。然后用不同的样本集分别训练决策树模型。如果是分类算法预测,则 N 个弱学习器投出最多票数的类别为最终类别。如果是回归算法,N 个弱学习器得到的回归结果进行算术平均得到的值为最终的模型输出。在上述预测模型

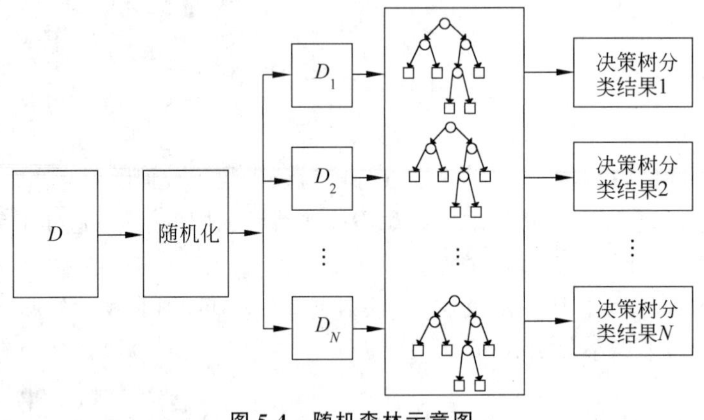

图 5.4 随机森林示意图

中,均以未布设数字标牌的格网作为模型的训练集,已布设数字标牌的格网作为模型的测试集,对模型进行训练。

随机森林使用的弱分类器为决策树。决策树是以实例为基础的归纳学习算法,是一种监督学习方法。决策树是一种预测模型,代表对象属性与对象值之间的映射关系。它是一种树形结构,其中每个内部节点表示一个属性上的分类准则,每个分支代表一个分类输出,每个叶节点代表一种类别。它是一种从无次序、无规则的事例中推理出决策树形式的分类规则。一般采用自顶向下的递归方式生成决策树,对于决策树内部的节点,对其属性值进行比较,并选择最优划分属性生成向下的分支。另外,设置停止增长条件,以使决策树能在适当的时候停止向下生长。同时,还要考虑把决策树修剪成合适的尺寸,并尽量保持决策树的准确度。

决策树学习的关键在于最优划分属性的选择,属性选择的目标是分支节点的"纯度"越来越高。不同的"纯度"度量方法生成不同的学习算法。其中,ID3(Iterative Dichotomiser 3)算法是较常用的经典算法。在ID3算法中,采取信息增益作为"纯度"的度量。在树的生成过程中,对于每个非叶子节点的分裂,ID3算法选取使信息增益最大化的属性对该节点进行分裂。在信息增益中,属性重要性的衡量标准是当前属性能够为当前分类带来的信息增益的多少,带来的信息越多,该属性越重要。ID3算法的核心思想是在对决策树的每一个非叶子节点进行划分时,首先计算每一个属性带来的信息增益,然后选择能够带来最大信息增益的属性来划分该节点。因为信息增益越大,区分样本的能力就越强,越具有代表性,这是一种自顶向下的贪心策略。

除了最优划分属性的选取问题外,构建决策树模型考虑的另外一个问题是如何减小决策树的规模,以减少过拟合。剪枝是经常采用的策略,决策树剪枝有如下两种思路。

(1) 前剪枝(pre-pruning)。该方法在构造决策树的同时进行剪枝。如果遇到无法进一步降低信息熵的情况,则停止创建分支。为了避免过拟合,设定一个信息熵的阈值。在决策树的构建过程中,如果某个节点的信息熵减小数值小于这个阈值,则可以对该节点停止继续创建分支。

(2) 后剪枝(post-pruning)。该方法在决策树完成构建后进行剪枝。剪枝的思路是对具有相同父节点的一组兄弟节点进行检查,判断是否将其合并。如果将其合并后,信息熵的增加量小于某一阈值,则可以将这些分支合并。后剪枝是目前比较普遍采用的做法。后剪枝的过程就是删除一些子树,然后用子树的根节点代替其作为新的叶子节点。

4. 均方根误差(RMSE)

均方根误差是用来衡量预测值与真实值之间差别的指标。RMSE 值越小,表示算法的误差越小,因此可以将其作为评定测量过程精度的指标,其公式为

$$\mathrm{RMSE}=\sqrt{\frac{\sum_{i=1}^{n}(x_i-\bar{x})^2}{n}} \tag{5-17}$$

5. 主成分分析

为排除多维特征之间可能存在相关性对计算结果的影响,引入主成分分析方法,对多维特征数据进行降维,并将降维结果作为模型输入。

主成分分析 (Principal Component Analysis,PCA)是一种数据压缩算法[168]。其通过投影将高维数据投影到低维空间中,并且各维度上数据的方差均保持在投影子空间中最大化。PCA 方法在尽可能保留原始数据各维度的分布特性的同时,仅用较少维度表示原始数据。由于方差信息的保留,使得主成分分析成为数据降维技术中对原始数据信息丢失最少的线性降维方法之一。

设初始样本为 $\boldsymbol{X}\in\mathbf{R}^{d\times n}$,$d$ 为初始样本维度,n 为初始样本数目。根据主成分分析的最大方差的目标,需要求投影矩阵 $\boldsymbol{W}\in\mathbf{R}^{d\times d'}$,其中 $d\geqslant d'$。设 $\boldsymbol{W}=[w_1,w_2,\cdots,w_k,\cdots,w_{d'}]$,$w_k\in\mathbf{R}^d$,为统一单位投影向量,$\|w_k\|_2^2=1$。投影后的新样本为 $\boldsymbol{W}^{\mathrm{T}}$ 的过渡矩阵,即 d'空间的基。由于要求每个基为标准正交基,由此建立目标函数,如式(5-18)所示。

$$\max_{w_1,w_2,\cdots,w_{d'}}\frac{1}{n-1}\sum_{i=1}^{n}(\boldsymbol{w}_k^{\mathrm{T}}(x_i-\bar{x}))^2 \tag{5-18}$$

$$\mathrm{s.t}\ \|\boldsymbol{w}_k\|_2^2=1,\langle\boldsymbol{w}_k,\boldsymbol{w}_i\rangle=0,\forall k\neq 1,2,\cdots,d'$$

其中,$\bar{x}$ 为样本中心点横坐标。为了方便求解,将式(5-18)进行矩阵化,如式(5-19)所示。

$$\max_{\boldsymbol{W}}\mathrm{tr}(\boldsymbol{W}^{\mathrm{T}}\boldsymbol{C}\boldsymbol{W}),\quad \mathrm{s.t}\ \boldsymbol{W}^{\mathrm{T}}\boldsymbol{C}\boldsymbol{W}=1 \tag{5-19}$$

其中,$\boldsymbol{C}$ 为样本的协方差矩阵,如式(5-20)所示。

$$\boldsymbol{C}=\frac{1}{n-1}\sum_{i=1}^{n}(x_i-\bar{x})(x_i-\bar{x})^{\mathrm{T}} \tag{5-20}$$

式(5-20)为等式约束的最优化问题,可以采用 Lagrange 乘子法进行求解。建立的拉格朗日方程如式(5-21)所示。

$$L(\boldsymbol{W},\lambda)=\operatorname{tr}(\boldsymbol{W}^{\mathrm{T}}\boldsymbol{C}\boldsymbol{W})+\lambda(\boldsymbol{I}-\boldsymbol{W}^{\mathrm{T}}\boldsymbol{W}) \tag{5-21}$$

对式(5-21)求关于 $\boldsymbol{W}$ 的导数,如式(5-22)所示。

$$\frac{\mathrm{d}L(\boldsymbol{W},\lambda)}{\mathrm{d}w}=2\boldsymbol{C}\boldsymbol{W}-2\lambda\boldsymbol{W} \tag{5-22}$$

令式(5-22)为 0,得 $\boldsymbol{C}\boldsymbol{W}=\lambda\boldsymbol{W}$。对 $\boldsymbol{C}$ 作特征值分解后,将其进行降序排列,取前 d' 个特征向量拼合获得 $\boldsymbol{W}$。但由于使用奇异值(SVD)分解可以在数值求解过程中获得比较好的稳定性,且奇异值在分解后已经按照降序排列,可以直接取值,因此,也可对协方差矩阵 $\boldsymbol{C}$ 作奇异值分解,如式(5-23)所示。

$$\boldsymbol{C}=\boldsymbol{U}\boldsymbol{\Sigma}\boldsymbol{V}^{\mathrm{T}} \tag{5-23}$$

其中,$\boldsymbol{\Sigma}$ 为对角矩阵,对角线元素为奇异值;$\boldsymbol{U}$ 为左特征向量组成的矩阵;$\boldsymbol{V}$ 为右特征向量组成的矩阵。

由上述求解过程可知,对样本矩阵作 PCA 降维处理的具体步骤如下。

(1) 对初始样本中各样本去除均值向量,即让每一维特征减去各自特征的平均值。

(2) 计算数据协方差矩阵。

(3) 计算协方差矩阵的特征值和特征向量。将对应的特征值按照大小排序,求取特征向量。保留前 d' 个最大的特征值对应的特征向量,将数据转换到上面得到的 d' 个特征向量构建的新空间中(也可以采用 SVD 分解方法)。

(4) 计算 $\boldsymbol{X}'=\boldsymbol{W}^{\mathrm{T}}\boldsymbol{X}$,$\boldsymbol{X}'\in\mathbf{R}^{d'\times n}$,即为新矩阵(实现了特征压缩)。

在研究数字标牌布设的实际应用中,对于新维度 d' 的设定,既可以根据手工指定,也可以依据所截取的特征值之和或者占所有特征值和的比率来设定新维度,这种确定特征值的方法称为贡献率确定法。若贡献率保留 100%,则为完全贡献率的 PCA 投影,投影后样本维度变为 $\min(n,d)-1$。

5.3 实验与分析

5.3.1 评价指标

在模型验证部分,将本章提出的改进的 Huff 模型与 BP 神经网络模型相结合的数字标牌选址方法与经典的 Huff 模型、BP 神经网络模型和 MCI 选址模型进行对比实验,以 ROC 曲线 (Receiver Operating Characteristic Curve,受试者工作特征曲线)为评价标准,验证本章提出的数字标牌选址方法的有效性和准确性。

ROC 曲线能反映模型在选取不同阈值的时候的敏感性和精确性,当正负样本的分布发生变化时,其形状能够基本保持不变,因此,该评估指标能降低不同测试集带来的干扰,更加客观地衡量模型本身的性能[169]。

ROC 曲线横轴为假阳性率(False Positive Rate,FPR),假阳性率表示样本中的负样本有多少被预测为正样本,该情况也有两种可能,一种是把原来的负类预测成正类,即假阳性(False Positive,FP),另一种是把原来的负类预测为负类,即真阴性(True Negative,TN),即

$$\mathrm{FPR}=\frac{\mathrm{FP}}{\mathrm{TN}+\mathrm{FP}} \tag{5-24}$$

ROC 曲线纵轴为真阳性率(True Positive Rate,TPR),真阳性率表示预测为正的样本占正样本总数的比例,预测为正时有两种可能,一种是把正类预测为正类,即真阳性(True Positive,TP),另一种是把负类预测为正类即假阳性(False Positive,FP),即

$$\mathrm{TPR}=\frac{\mathrm{TP}}{\mathrm{TP}+\mathrm{FN}} \tag{5-25}$$

本章中假阳性率(FPR)表示未布设数字标牌样本中被选为待布设样本的比例,真阳性率(TPR)表示已布设数字标牌样本中被选为待布设样本的比例。ROC 曲线越靠近左上方,表征真阳性率越高,假阳性率越低,模型效果越好。

在 Huff 模型中,以多尺度数字标牌区位因子为输入数据,得到计算中心对周围格网的吸引力,表征此格网布设数字标牌的可能性。在通过 ROC 曲线计算模型的准确度时,将可能性划分为 0～1,步长为 0.1 的多个阈值,最终得到 Huff 模型的准确率。

在 BP 神经网络中,以多尺度数字标牌区位因子为输入数据,归一化后的数字标牌播放价格为输出,预测北京六环内的数字标牌布设潜力,进而将布设潜力高的地方作为数字标牌带布设阵列。在通过 ROC 曲线计算模型的准确率,将布设潜力划分为 0～1,步长为 0.1 的多个阈值,最终得到 BP 神经网络模型的准确率。

在 MCI 选址模型中,以多尺度数字标牌区位因子作为输入数据,输出格网数字标牌布设概率,并将概率值以 0.1 为步长作为 ROC 曲线的阈值范围,最终选择准确率高的阈值,布设概率大于所选阈值的格网作为带布设阵列。

使用交叉验证方法通过多个采样和训练过程来提高 BP 神经网络等 3 个回归预测模型的准确性。模型中,训练集和验证数据集是随机选择的,因此可能导致训练和验证集的数据质量不均匀。为了减少数据分割过程中的准确性损失,本实验采用十折交叉验证并把数据集随机分成 4 份。在此过程中,样本数据被随机分为 4 部分,其中选择 3 个作为训练数据集,一个作为验证集。然后,将选择 4 个部分中的其他 3 个作为新训练集,并选择一个新部分作为验证集。数据划分重复 10 次,因此,整个训练—验证过程进行了 40 次,最终误差是 40 次迭代的平均误差。

5.3.2　初步选址结果

本节首先使用 5.1 节所述方法分别计算 100～1000m 标准格网单元内数字标牌的空间可达性。然后,使用 k-means 聚类算法对空间可达性结果进行聚类分析并调整算法的参数(k 值)进行多次实验,得到准确的聚类结果。最后,与格网单元内签到数量进行叠置分析,以初步筛选出数字标牌空间可达性中、低且签到数量较高的位置。

图 5.5 记录了算法的聚类质量随不同参数的变化情况。随着 k 值的增加,CH 指数不断下降。其中,当 $k=3$ 时,CH 指数值最高,为 1947.48,故本节使用 k-means 算法将可达性划分为低、中和高 3 类(见图 5.5)。

实验是在 100～1000m 的 10 种尺度下进行的,故而得到的也是在 10 种尺度下的

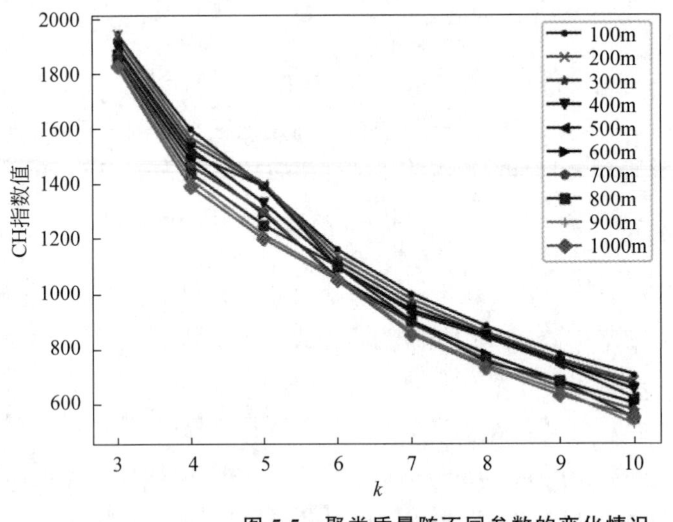

图 5.5 聚类质量随不同参数的变化情况

空间可达性结果。与此同时，进行空间连接操作，得到北京市六环内标准格网每 100～1000m 区位上的签到数量，以此表征格网单元的可视性，签到数量越高，表示此格网单元的可视程度越高。可视性高的格网单元布设数字标牌，被受众浏览到的可能性越高。

以 100m 的格网单元为例，图 5.6(a)为空间可达性计算结果，图中黄色格子表示可达性较低，急需布设数字标牌；绿色格子表示可达性居中，仍可继续布设数字标牌；蓝色格子表示可达性较高，该区位无须继续布设数字标牌。可达性较高的区域主要分布在王府井、金融街、北京西站以及六环路内主要路网沿线。但总体来说，五环与六环之间以及五环内部分地区，数字标牌分布较少，签到数量相对较少导致数字标牌空间可达性较低。图 5.6(b)为格网内的签到数据分布情况，图中黄色格网表示该区域签到数量较少，进而表征此区域人流量相对较少，若在此布设数字标牌，其可视性较低；绿色格网表示签到数量居中，蓝色格网表示签到数量较高，表征此处人流量相对较高，一般为大型商圈、旅游景点，若在此布设数字标牌，其可视性较高，具有很高的布设价值。将图 5.6(a)和 5.6(b)两图层进行叠置，可达性为中、低且签到数量较高的格网单元即为数字标牌待布设位置的初选结果(见图 5.6(c))。

通过上述描述可知，数字标牌空间可达性主要受标牌与受众之间的距离、区位签到数量和已布设标牌的播放价格与数量的影响。因此，初选结果主要分布在魏公村、王府井、西单以及交通干线附近。一般来说，各类商业区和旅游景点对受众具有较大吸引力，此处签到数量较高，标牌的可视性较高且标牌与受众之间的可达性相对较低，还需布设数字标牌。图 5.6(c)所示的魏公村附近、四惠建材城、王府井、西单、看丹路附近，以及回龙观批发市场等地区基本涵盖了北京市六环路内的饮食文化型、专营型、购物中心型和综合型商业区，该地区吸引力和作用范围较大，适合布设数字标牌；随着政府和各高校外迁，房山、大兴和通州等部分地区的受众逐渐增多，在此处布设数字标牌也会有较大收益。

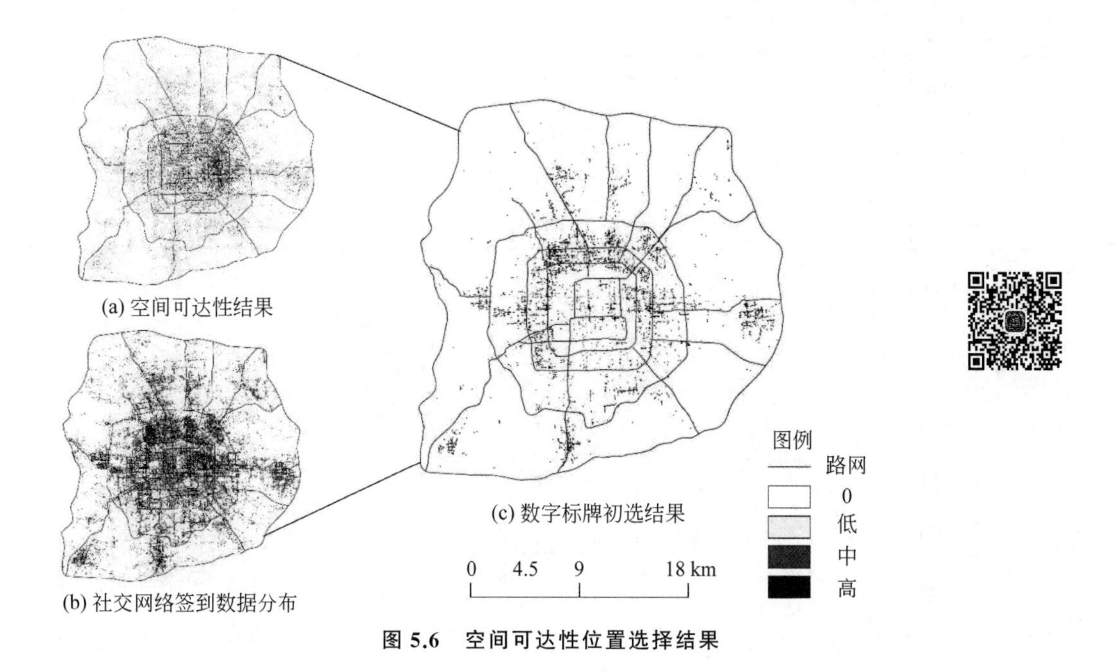

图 5.6 空间可达性位置选择结果

5.3.3 精细选址结果

使用 5.2 节所述方法计算数字标牌布设潜力。实验结果如表 5.1 和图 5.7 所示。随着模型尺度的增加,RMSE 值总体均呈逐步上升的趋势,当尺度为 100m 和 800m 时,误差相对较小,进而得到在使用相同预测算法的情况下,误差较小的尺度为 100m。

同时,当选取 100m 这一误差较小的尺度时,5 种算法的 RMSE 值分别为 0.277、0.265、0.268、0.271 和 0.268,误差相对较小的算法为 BP 神经网络。

选定 100m 以下的数字标牌区位因子以及 BP 神经网络算法计算北京市六环路以内的数字标牌布设潜力。

表 5.1 多尺度区位因子回归预测结果比较

尺度/m	随机森林	BP 神经网络	SVR-RBF	SVR-Linear	SVR-Poly	RMSE-Mean
100	0.277	0.265	0.268	0.271	0.268	0.270
200	0.306	0.290	0.321	0.324	0.322	0.312
300	0.321	0.300	0.320	0.326	0.322	0.318
400	0.313	0.300	0.303	0.314	0.306	0.307
500	0.325	0.294	0.317	0.327	0.319	0.316
600	0.317	0.277	0.323	0.338	0.326	0.316
700	0.311	0.298	0.316	0.325	0.321	0.314

续表

尺度/m	随机森林	BP 神经网络	SVR-RBF	SVR-Linear	SVR-Poly	RMSE-Mean
800	0.312	0.287	0.286	0.287	0.291	0.293
900	0.343	0.274	0.323	0.333	0.327	0.320
1000	0.332	0.277	0.329	0.340	0.341	0.324

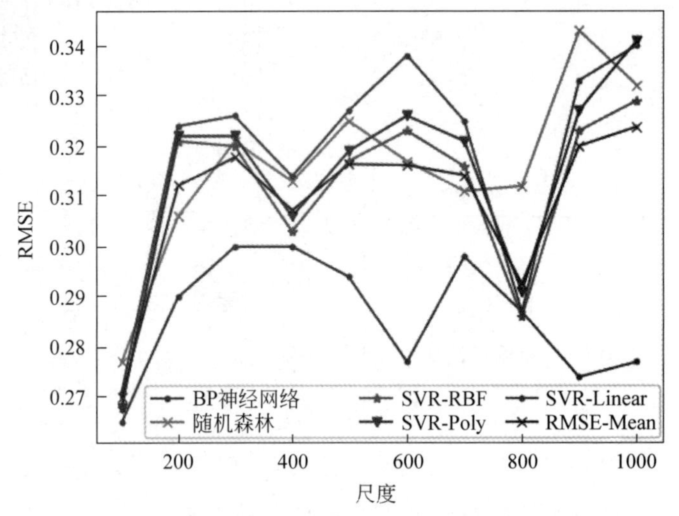

图 5.7 多尺度模型因子回归预测结果比较

由于上述数字标牌区位因子是由人口、商业网点数据、社交网络签到数据以及 POI 位置数据等 19 种商业活动特征组成，作为回归预测算法的自变量，其维度较高，特征之间可能存在相关性，对预测结果的准确性造成一定的影响，为排除特征之间的相关性对本实验造成的影响，引入 PCA 主成分分析方法对上述特征进行主成分分析以达到特征降维的目的，进而降低 RMSE 值，提升数字标牌布设潜力值回归分析的准确度。从引入 PCA 主成分分析后的计算结果(表 5.2 和图 5.8)可以看出，此时 RMSE 的最小值为 0.264，与降维之前相对减小。提取区位因子序列的主成分后，数字标牌布设潜力计算结果误差相对减小，计算准确性有所提升。

表 5.2 特征降维后的回归分析结果

方　　法	RMSE
BP 神经网络	0.264
随机森林	0.271
SVR-RBF	0.271
SVR-Linear	0.271
SVR-Poly	0.270

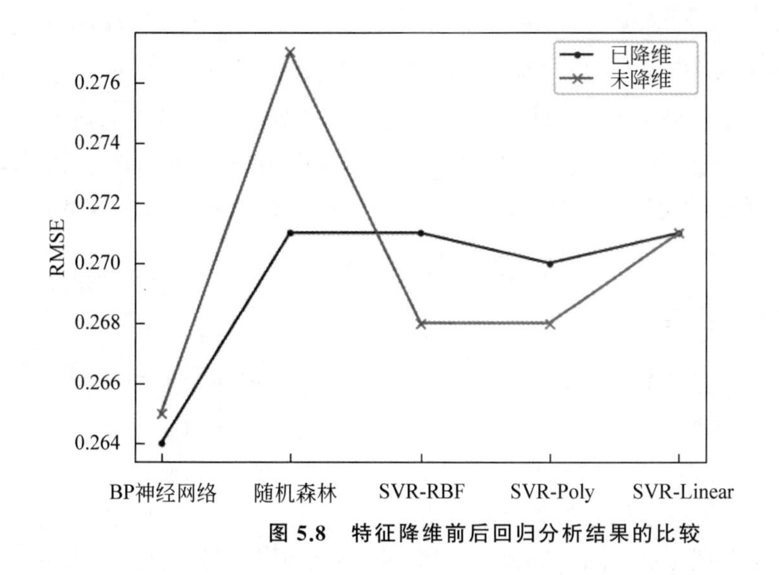

图 5.8　特征降维前后回归分析结果的比较

由于模型以商业网点、POI 和签到等为输入，以归一化后的数字标牌播放价格为输出，故而模型训练结果即为区域数字标牌布设价值（即数字标牌布设潜力），使用 k-means 聚类算法将计算结果划分为图 5.9 所示的低、中、高 3 个等级。其中，图 5.9 中蓝色区域为数字标牌布设潜力较高的区位，主要分布在 CBD、奥林匹克公园等已布设数字标牌较为密集、签到数量、商业网点等分布较多的商业区和旅游文化区，该结果与数字标牌应当布设在签到数量较多，可能被受众看到的概率较大的位置一致；图 5.9 中绿色区域为布设潜力处于中等级的区域，主要分布在房山

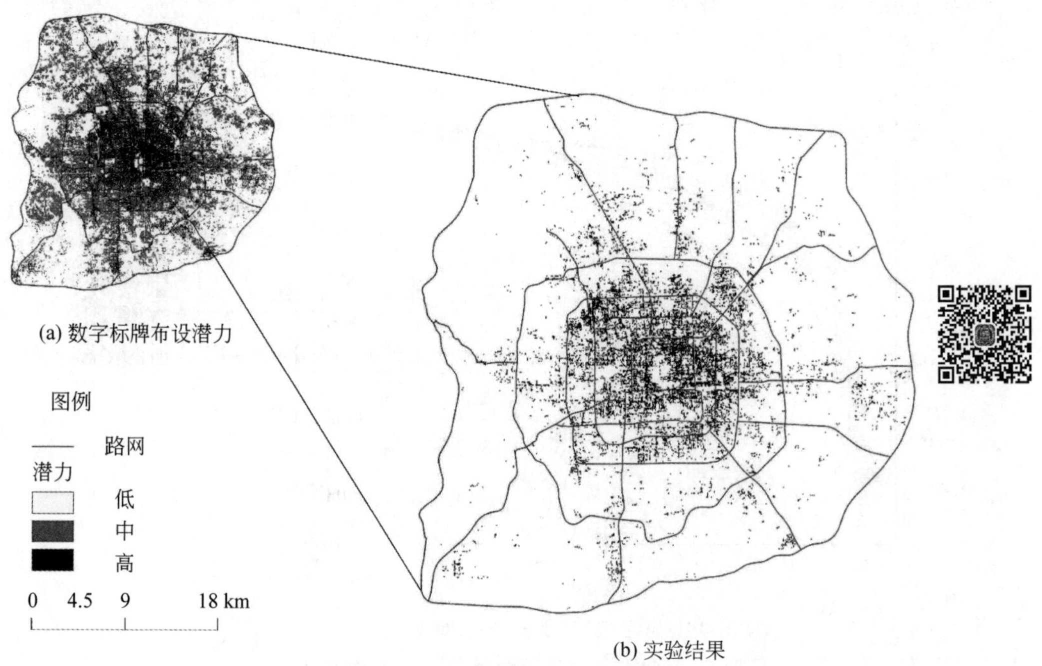

图 5.9　数字标牌布设潜力等级

长阳、通州八里桥、大兴枣园等地，主要特点为常住人口较多，但该区域内购物型、综合型等人口流动性较大、商业价值较高的商圈分布较少，数字标牌布设相对较少；图中黄色区域为布设潜力等级为低的区域，该区域主要特点是基本无规模较大的购物中心型商业区或综合型商业区，对附近居民的吸引力较小，说明在此处布设数字标牌可能被受众关注的可能性较低，导致该地的数字标牌布设潜力较低，不推荐布设。

5.3.4 位置优选结果

为了证明上述数字标牌选址方法的准确性和有效性，将本章方法与机器学习方法中的BP神经网络模型和商业地理学中的Huff与MCI模型进行对比实验，并选取ROC曲线为评价指标，ROC曲线表征选址结果的准确性，ROC曲线越靠近左上方，表征真阳性率越高，假阳性率越低，模型效果越好。

各模型实验结果如图5.10所示。其中，在BP神经网络模型预测结果如图5.10(a)所示，使用100～1000m因子序列训练BP神经网络模型，随着建模尺度的增加，ROC曲线逐渐向坐标左上方靠近，在700m时实验效果最好，800m后又逐渐下降。从而，使用BP神经网络模型预测数字标牌选址区位，在700m尺度时预测效果最优。

Huff模型是商业选址的主要方法之一，其变量为商店面积和商店与附近居民区的距离。将Huff模型加以改进使其适应选址实验，变量改进为数字标牌播放价格以及数字标牌与附近流动人口所在区位之间的距离。在100～1000m各建模尺度下，计算附近流动人口所在区位数字标牌的可视性。当建模尺度为100m时，模型的选址效果较优，随着建模尺度的增加，模型选址效果逐渐下降并达到一定的收敛(见图5.10(b))。

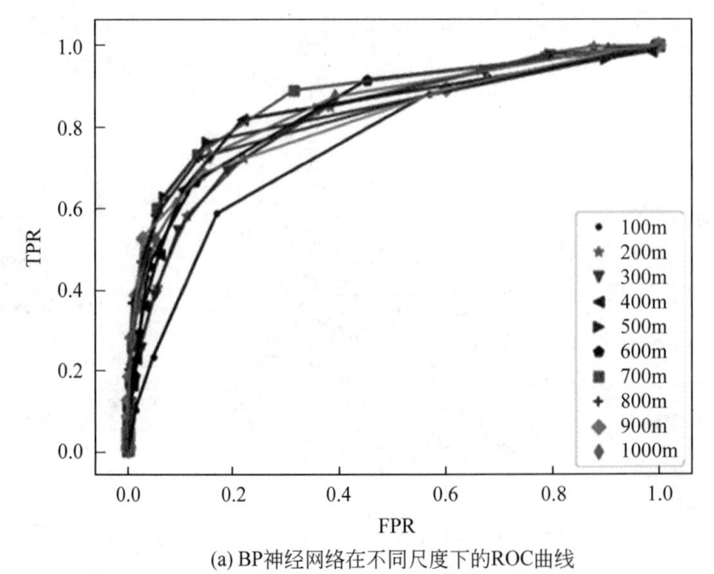

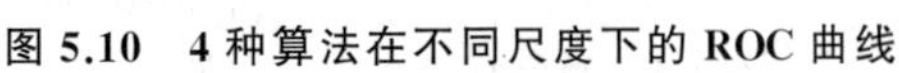
(a) BP神经网络在不同尺度下的ROC曲线

图5.10　4种算法在不同尺度下的ROC曲线

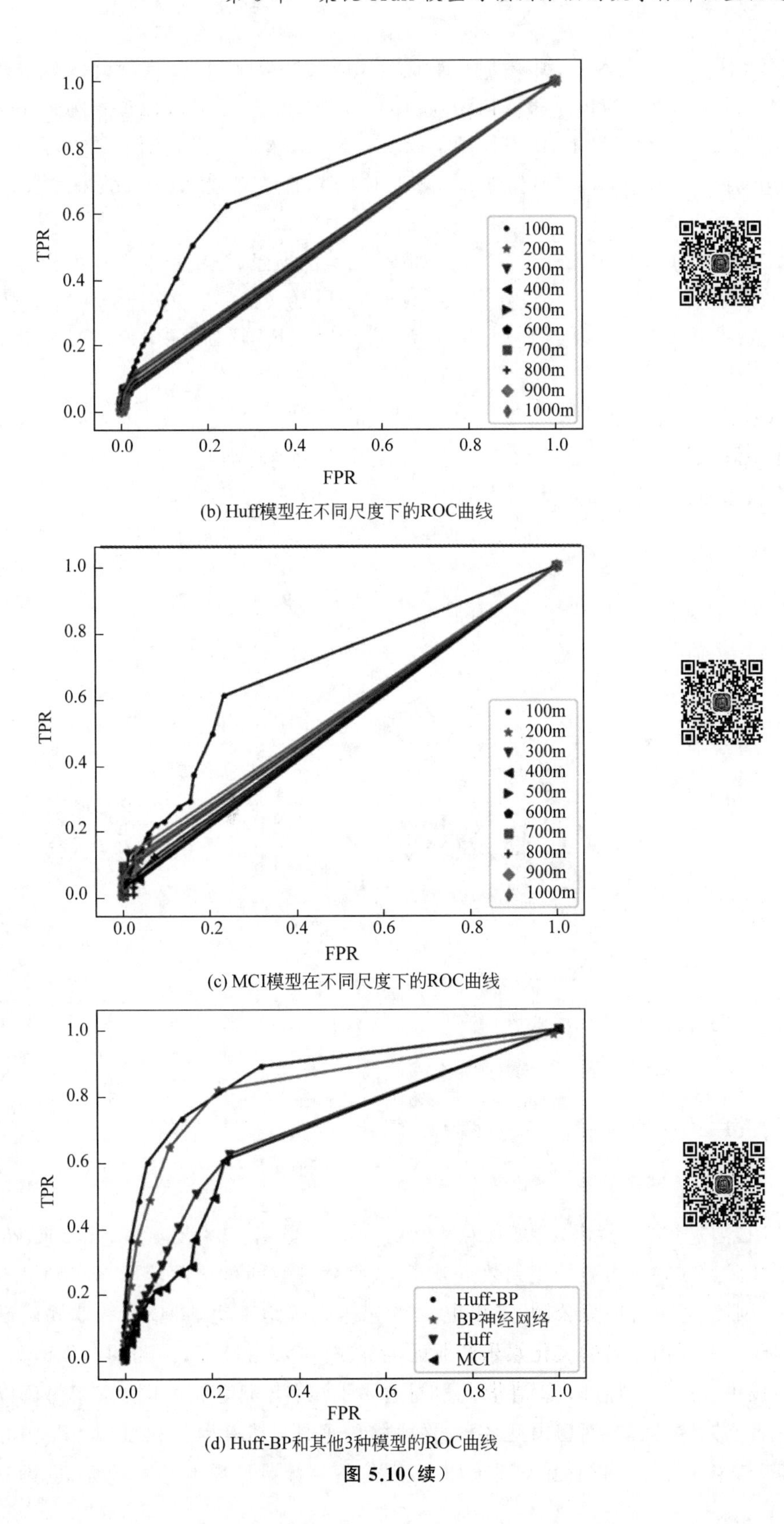

(b) Huff模型在不同尺度下的ROC曲线

(c) MCI模型在不同尺度下的ROC曲线

(d) Huff-BP和其他3种模型的ROC曲线

图 5.10(续)

MCI 模型表征在人口、经济等多种地理环境的影响下，受众选择此区域消费的概率。将上述多尺度区位因子带入模型，将计算结果数值较高的区位推荐为数字标牌新布设位置，在各建模尺度下，随着阈值的增加，模型的选址效果逐渐收敛。当建模尺度为 100m 时，模型选址结果较优，随着建模尺度的增加，MCI 模型选址效果逐渐下降(见图 5.10(c))。

本节提出的 Huff-BP 的 ROC 曲线如图 5.10(d)所示，分别选取上述各模型较优尺度的 ROC 曲线，可以看出本实验的选址效果相对较优，其次是 BP 神经网络模型，Huff 模型与 MCI 模型均属于概率模型，二者选址效果相似，进而验证了本实验的准确性与可靠性。

本章提出的选址模型具有很高的正确性和有效性。将上述数字标牌初步选址结果和数字标牌布设潜力结果进行叠置分析，进而筛选出同时满足低空间可达性、签到数量较高以及布设潜力较高的区域(即数字标牌待选址区)，如图 5.11 所示。

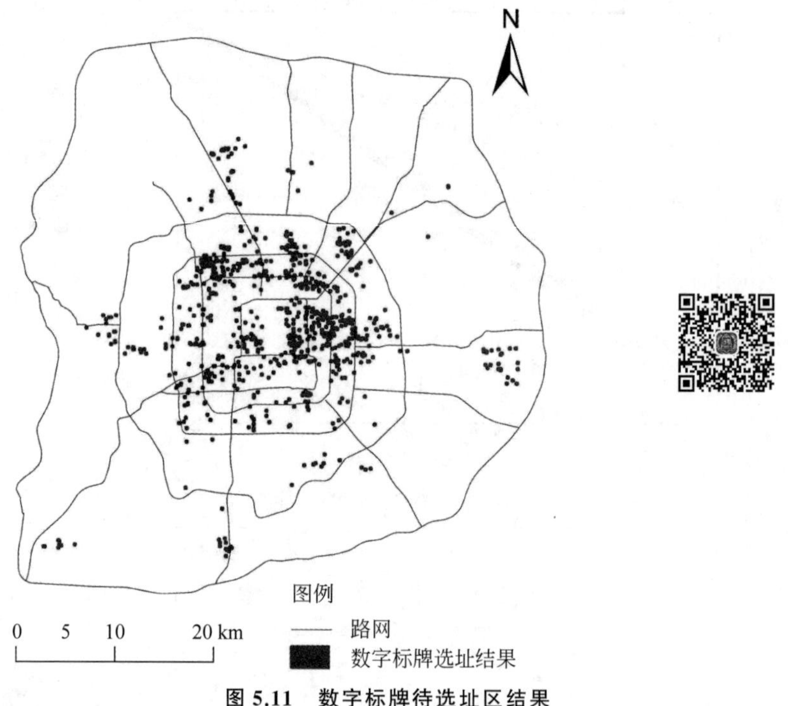

图 5.11 数字标牌待选址区结果

从图 5.11 中可以看出，选址地点主要分布在三里屯、798 艺术区、北京西站等地。由于本实验旨在筛选出微博签到数量较高、数字标牌空间可达性较低且布设潜力较高的区位，因此，①奥林匹克公园、三里屯、798 艺术区等地因交通便利、餐饮娱乐设施齐全且属于北京城内知名的文化娱乐产业区，签到打卡数量较多，预测的布设潜力较高，推荐布设更多的数字标牌；②清华大学周边属于知名学区，亦属于北京城内可以吸引众多学者、游客的区位，而房山良乡、大兴黄村和通州北苑等因为北京城市副中心建设以及部分大学的外迁，商业开发逐步加大，区位签到数量呈现上升的趋势，也具有较高的商业价值和布设潜力，推荐布设数字标牌；③北京站、北京西站、北京南站、四元桥等属于客运物流聚集地，这些区位常年具有较高的人口流动性，并且附近分布着众多商业网点，因此也推荐布设数字标牌。

5.4 本章小结

本章旨在研发一种数字标牌位置优选模型，该模型将经典的选址模型与机器学习方法相结合，以推荐数字标牌待布设位置。在 10 种不同尺度下，利用改进的 Huff 模型计算数字标牌的空间可达性，利用 BP 神经网络等机器学习方法计算数字标牌布设潜力，通过叠置分析得到数字标牌待布设位置。最后，以 ROC 曲线为评价指标，选取经典的选址模型进行多组对比实验，结果表明，该方法具有较高的真阳性率和较低的假阳性率，选址模型具有较高的准确性。北京市六环路以内的选址结果表明，适合布设数字标牌的区域主要分布在三里屯、王府井、金融街、北京西站以及六环内主要路网沿线等。本章是大数据背景下智能化选址的有益尝试，也在一定程度上提高了数字标牌布设的精准性和科学性。

第6章 融合神经网络和Huff模型的数字标牌主题优选模型

6.1 引言

数字标牌的主题优选是从机器学习的角度对数字标牌受众进行分类，包括但不限于利用已布设数字标牌位置的受众来预测未布设数字标牌位置的受众。由于数字标牌受众受经济、人口等多源要素影响，同时，数字标牌具有空间特征。因此，为了对其进行准确的分类，本章将以多标签分类算法为基础，并在分类时考虑数字标牌的空间特征，从而完成对数字标牌受众的分类。

本章创建了一个基于 Huff 模型和 BP 神经网络的数字标牌受众分类模型。综合分析数字标牌受众类型影响特征并从格网尺度将 BP 神经网络算法与 Huff 模型相结合以构建数字标牌受众分类模型；利用 4 种多标签分类指标对模型进行验证。数字标牌受众类型分类研究主要包括多标签分类模型构建和模型验证两部分，其流程如图 6.1 所示。

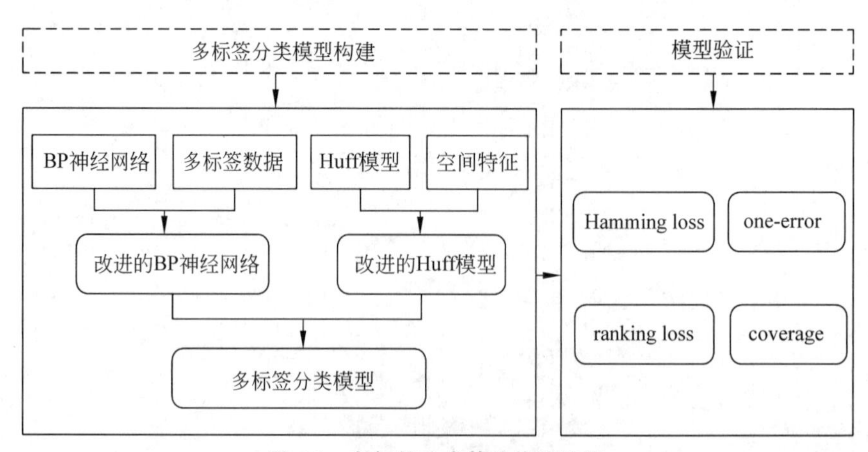

图 6.1　多标签分类算法构建流程

（1）多标签分类模型构建：本章根据数字标牌受众数据的特点，以 BP 神经网络分类算法为基础，并对其进行改进以使其能够解决数字标牌受众分类问题；利用改进的 Huff 模型计算已布设数字标牌区位对未布设数字标牌区位的受众人群影响力；最后将改进的 Huff 模型融入改进的 BP 神经网络中以构建数字标牌受众分类模型。

（2）模型验证：利用 Hamming loss、one-error、coverage、ranking loss 四个多标签分类算法评价指标对构建的数字标牌受众分类模型进行有效性验证。

6.2　BP 多标签分类模型

图 6.2 为研究区内数字标牌广告受众示意图，不同的颜色代表不同的受众类型，从图 6.2 中可以看出一个格网里可能存在多种受众，即一个样本对应多个标签，这是典型的多标签数据。针对这种数据特点，本章将每个格网中数字标牌的影响要素作为每个样本的特征，将格网中数字标牌受众作为每个样本的标签，利用优化的 BP 神经网络分类算法进行数字标牌受众分类。

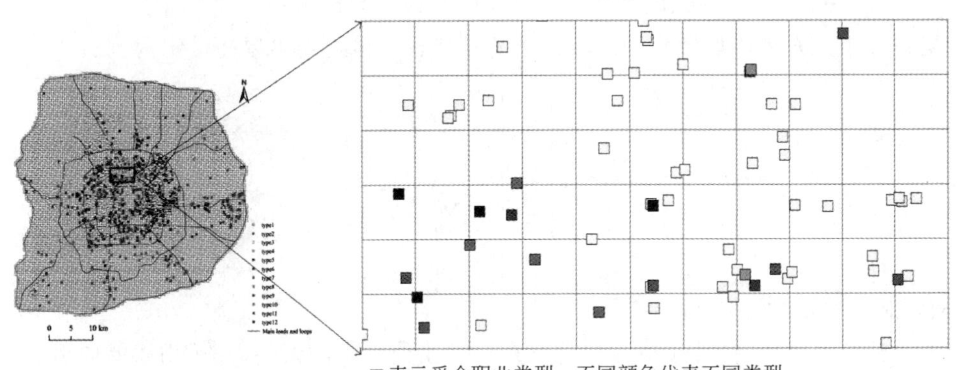

□表示受众职业类型，不同颜色代表不同类型

图 6.2　数字标牌广告受众示意图

6.2.1　BP 分类模型

BP 神经网络[170]是一种模仿人脑工作的网络模型，它采用多个层次的前馈网络进行计算，由于其结构简单且分类能力较强，因此它应用十分广泛[171]。图 6.3 是一个用作多类分类的五层 BP 神经网络。

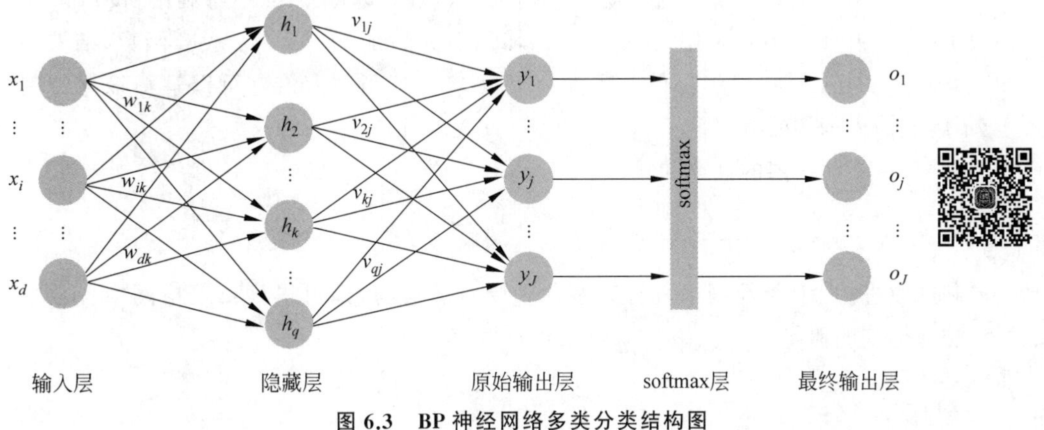

图 6.3　BP 神经网络多类分类结构图

其中,分类器 softmax 是一个用于对分类结果进行优化的学习算法,它将 BP 神经网络的输出变成了一个概率分布,每个类别的概率为 0~1,且各类别的概率和为 1。将 f_1 和 f_2 作为隐藏层和原始输出层的激活函数,则其中隐藏层的输出为

$$h_k = f_1\left(\sum_{i=1}^{d} x_i w_{ik}\right) \tag{6-1}$$

其中,x_i 表示输入神经单元,$i=1,2,\cdots,d$,d 表示输入神经单元个数,h_k 表示隐藏层神经单元,w_{ik} 表示从输入神经单元 i 到隐藏层神经单元 k 的连接权,$k=1,2,\cdots,q$,q 表示隐藏层神经单元个数。

原始输出层的输出为

$$y_j = f_2\left(\sum_{k=1}^{q} h_k v_{kj}\right) = f_2\left(\sum_{k=1}^{q} v_{kj} f_1\left(\sum_{i=1}^{d} x_i w_{ik}\right)\right) \tag{6-2}$$

其中,$y_j(j=1,2,\cdots,J)$表示原始输出神经单元,J 表示原始输出神经单元个数,v_{kj} 表示从隐藏层神经单元 k 到原始输出神经单元 j 的连接权。最终输出层的输出为

$$o_j = \text{softmax}\begin{bmatrix} y_1 \\ \vdots \\ y_j \\ \vdots \\ y_J \end{bmatrix} = \frac{e^{y_j}}{\sum_{j=1}^{J} e^{y_j}} \tag{6-3}$$

其中,o_j 表示最终输出神经单元。

得到最终的输出值后,计算预测输出值与期望输出值之间的误差,并运用误差向后传播算法来对权重进行修改,从而使算法的预测输出值与期望输出值的误差达到最小。

6.2.2 改进的 BP 分类模型

上述 BP 神经网络用作分类时,分类得到的所有标签的概率之和为 1,通常将概率最大的一个标签作为输入样本的最终标签,即该算法是针对单标签分类的,而本章中一个数字标牌示例可能同时拥有多个受众标签,因此,需对该 BP 神经网络进行改进,使其能够解决本章中的数字标牌受众分类问题。

为了使 BP 神经网络能够对本研究中的多标签数据进行分类,本章利用 sigmoid 层替换了图 6.3 中的 softmax 层,在每个原始输出单元后加了一个 sigmoid 函数,结构如图 6.4 所示,sigmoid 可以将任何输入映射到[0,1],其函数值恰好可以解释该标签属于/不属于输入示例的概率。

其中,最终输出层的计算如式(6-4)所示。

$$o_j = \text{sigmoid}(y_j) = \frac{1}{1+e^{-y_j}}, \quad j=1,2,\cdots,J \tag{6-4}$$

利用改进的 BP 神经网络进行数字标牌受众分类时,即可得到每个格网中各数字标牌受众标签的概率。

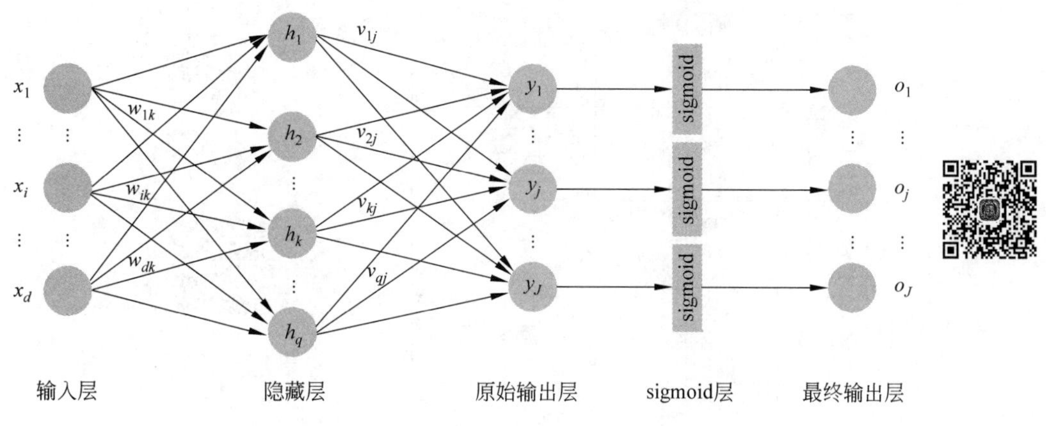

图 6.4　BP 神经网络多标签分类结构图

6.3　基于 Huff-BP 的多标签分类模型

根据地理学第一定律，地理空间中所有事物都是与其他事物相关的，只是离得越近的事物之间的关联越紧密[172]，根据该定律，已布设数字标牌区位会对周围未布设数字标牌区位的受众产生影响，且该影响力随着距离的增加而减小。为了在分类中加入这种地理特征，本节建立一个 Huff 模型来计算已布设数字标牌区位对未布设数字标牌区位的受众影响力。

6.3.1　改进的 Huff 模型

Huff 模型是经典的商业选址模型，关于 Huff 模型的原理和计算方法详见 5.1 节。

从图 6.2 可以看出，一个格网中每种受众类型的数量可能有多个。因此，为了更加准确地计算已布设数字标牌区位对未布设数字标牌区位的受众影响力，本节将每种受众类型的数量作为模型的影响因素，同时，在构建模型中充分考虑格网之间的距离，从而改进了 Huff 模型。已布设数字标牌区位对未布设数字标牌区位 x 的受众影响力如图 6.5 所示，未布设数字标牌区位 x 受周围已布设数字标牌区位受众 ty_j 的影响力 F_{xty_j} 可通过公式(6-5)计算得到。

$$F_{xty\_j}=\frac{\sum_{h=1}^{H}(\mathrm{num}_h/d_{xh})^{\beta}}{\sum_{z=1}^{Z}(\mathrm{num}_z/d_{xz})^{\beta}} \tag{6-5}$$

其中，z 表示已布设数字标牌的区位，Z 表示已布设数字标牌的区位个数，d 表示距离，num_z 表示区位 x 周围已布设数字标牌区位 z 中的受众数量，h 表示已布设数字标牌区位中受众类型为 ty_j 的区位，H 表示已布设数字标牌区位中受众类型为 ty_j 的区位个数，num_h 表示区位 x 周围已布设数字标牌区位中含有受众类型 ty_j 的数量，β 表示平滑系数。

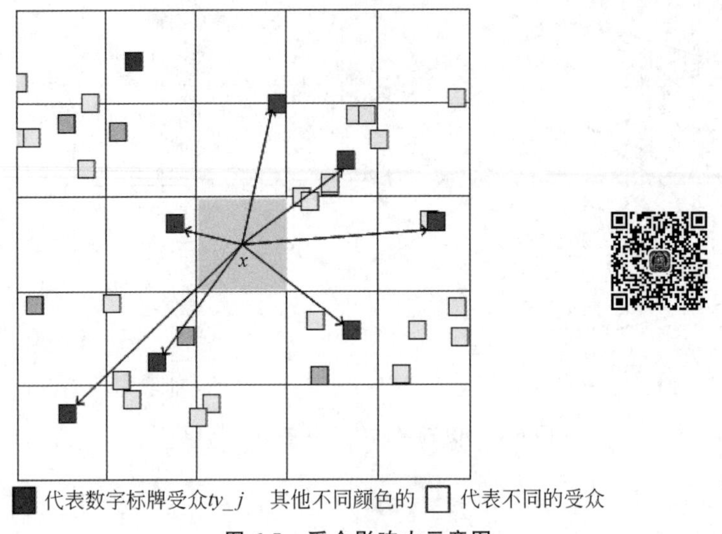

图 6.5　受众影响力示意图

6.3.2　基于 Huff-BP 多标签模型构建

本文以 BP 神经网络算法为主,并对其进行改进,使其能够解决多标签特征数据。同时,在 Huff 模型中加入数字标牌的空间特征,从而对 Huff 模型进行改进,使其能够计算已布设数字标牌格网对未布设数字标牌格网的受众影响力,最后将改进的 BP 神经网络分类算法得到的每个区位包含各种受众的概率(P_{BP})与改进的 Huff 模型计算得到的已布设数字标牌区位对未布设数字标牌区位的受众影响力归一化值(F_{Huff})通过公式(6-6)进行融合,从而得到每个区位中包含每种数字标牌受众的可能性大小(P),其流程如图 6.6 所示。

$$P = \alpha P_{BP} + (1 - \alpha) F_{Huff} \tag{6-6}$$

其中,α 取值为 0~1,表示 P_{BP} 在融合规则中所占的权重比,α 越大表示 P_{BP} 占的比重越大。

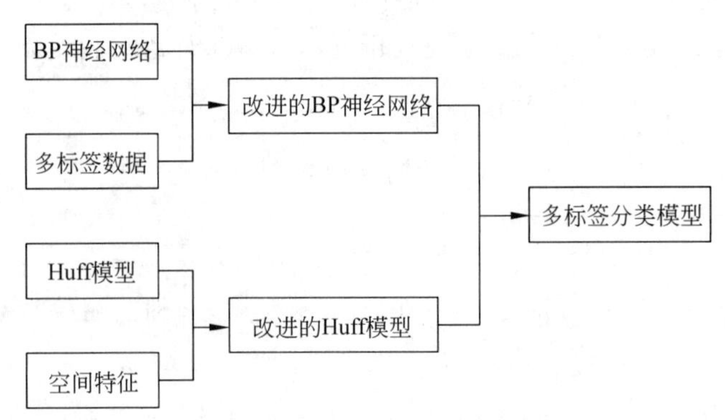

图 6.6　多标签分类模型流程图

6.4　实验与分析

本章提出了一种基于 BP 神经网络和 Huff 模型的数字标牌受众分类方法，并对北京市六环内的户外数字标牌的受众类型进行了分类研究。通过 6.2 节的方法建立了受众分类模型，为了验证构建的受众分类模型的效果，本节主要通过实验对模型进行检验，同时对受众分类的可视化结果进行分析。

6.4.1　评价指标

本节利用 Hamming loss、one-error、coverage、ranking loss 四个多标签分类算法评价指标对数字标牌受众分类模型进行有效性验证。

Hamming loss[173]用于测验样本在单一标签上的分类错误情况，例如，一个标签属于一个样本而被预测为不属于该样本或者一个标签不属于一个样本而被预测为属于该样本。Hamming loss 数值为 0～1，其数值越小，算法效果越好。

$$\mathrm{hloss}(h)=\frac{1}{L}\sum_{l=1}^{L}\frac{1}{N}\mid h(X_l)\Delta Y_l\mid \tag{6-7}$$

其中，L 代表样本个数，N 代表标签个数，$h(X_l)$代表第 l 个样本所对应的预测标签，Y_l 代表第 l 个样本所对应的真实标签，算子 Δ 用于表示两个训练标签集的对称差，$|\cdot|$代表返回集合的大小。

one-error[174]用于测验在样本对应的类别标签的排序中，排在序列最靠前的标签不是样本期望标签的情况，这个指标的取值越小，算法的性能越好。

$$\text{one-error}(f)=\frac{1}{L}\sum_{l=1}^{L}\{\arg\max_{y\in Y}f(x_l,y)\notin Y_l\} \tag{6-8}$$

其中，L 表示样本个数，$\max\limits_{y\in Y}f(x_l,y)$表示在样本 x_l 所对的类别标签的排序中排在最靠前的标签，Y_l 表示第 l 个样本所对的真实标签，y 表示样本 x_l 所对的类别标签。

coverage[175]用于测验在样本对应的类别标签的排序中，搜索完全部相关标签需要的搜索深度。这个指标的取值越小，算法的性能越好。

$$\mathrm{coverage}=\frac{1}{L}\sum_{l=1}^{L}\max_{y\in Y_l}\mathrm{rank}(X_l,y)-1 \tag{6-9}$$

其中，L 代表样本个数，Y_l 代表第 l 个样本所对的真实标签，$\mathrm{rank}(X_l,y)$表示 y 标签在预测序列中的排序，越大表示排序越低。

ranking loss[176]用于测算在样本所对的类别标签的排序中发生排序不正确的情况，也就是不相关的标签排在相关标签的前面。这个指标取值越小，算法的性能越好。

$$\mathrm{rloss}(f)=\frac{1}{L}\sum_{l=1}^{L}\frac{1}{\mid Y_l\parallel \overline{Y_l}\mid}\mid\{y_1,y_2\}\mid f(x_l,y_1)\leqslant f(x_l,y_2),$$
$$(y_1,y_2)\in Y_l\times\overline{Y_l}\mid \tag{6-10}$$

其中，L 代表样本的个数，Y_l 代表第 l 个样本所对的真实标签，$\overline{Y_l}$代表集合 Y_l 中的补集，$f(\cdot)$为预测函数，y_1 和 y_2 表示样本 x_i 所对的两个标签。

6.4.2 模型评价

本章将数据划分为不同的尺度，同时将地理位置特征融入多标签分类算法中，从而实现对受经济、人口等多源要素影响的数字标牌受众分类。为了比较不同尺度的数据以及式(6-7)中改进的 BP 神经网络与改进的 Huff 模型的权重系数 α 对分类结果的影响，同时比较本书提出的模型和其他多标签模型的性能，在不同的尺度数据下，对不同权重系数 α 以及多标签分类方法 ML-KNN 和 BP-MLL 的 4 种多标签分类指标进行分析比较。

研究将已布设数字标牌数据作为样本集，并将数字标牌影响因素作为样本特征，将各已布设数字标牌的受众类型作为标签。为了验证数字标牌受众分类模型的性能，并使模型的分类结果更加准确可靠，本节选择十折交叉方法对受众分类模型进行验证，将两种模型得到的权重系数 α 设为 0.1～0.9，步长为 0.1，α 越大表示改进的 BP 神经网络占的比重越大。

图 6.7 为不同的格网尺度下各算法的 Hamming loss 示意图，从图中可以看出如下几点。

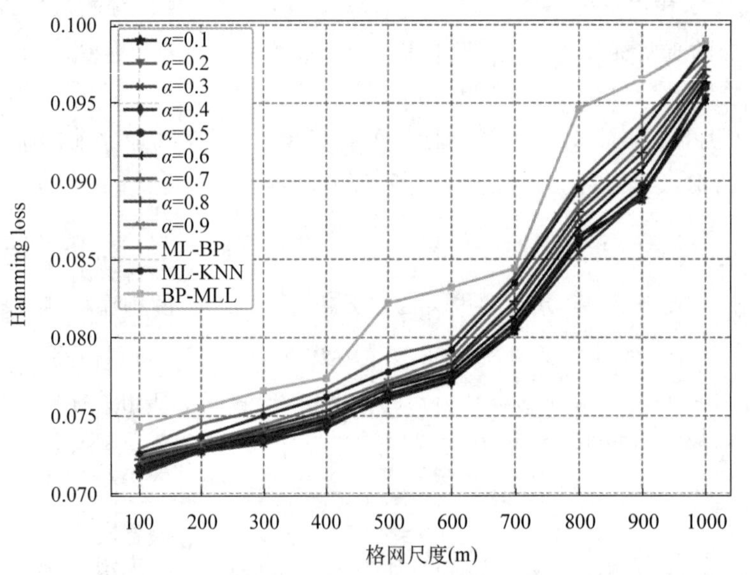

图 6.7 不同格网尺度下各算法的 Hamming loss 对比图

(1) 在不同的格网尺度中，不同权重系数 α 下的 Hamming loss 值都低于改进的 BP 神经网络算法(ML-BP)、ML-KNN 和 BP-MLL。

(2) 各算法的 Hamming loss 值都随着格网尺度的增大而增大，且当格网尺度在 100×100～600×600m 时，Hamming loss 值随着格网尺度的增大而缓慢增大，当格网尺度大于 600m×600m 时，Hamming loss 值随着格网尺度的增大而急剧增大。

(3) 当格网尺度在 100×100～500×500m 时，Hamming loss 值在不同的权重系

数 α 内变化较小；格网尺度大于 500m×500m。①权重系数 α 为 0.1～0.4 时，Hamming loss 值变化较小；②权重系数 α 大于 0.4 时，Hamming loss 值随着 α 的增大而增大。

（4）在所有的算法和不同的格网尺度中，Hamming loss 值在格网尺度为 100m×100m 且权重系数 $\alpha=0.3$ 时最低。

不同格网尺度下各算法的 one-error 值对比如图 6.8 所示，从图中可以看出如下几点。

（1）除在格网尺度为 200m×200m 以及 300m×300m 时，权重系数 $\alpha=0.9$ 和 ML-BP 的one-error 值高于 ML-KNN 外，其他情况中，在不同格网尺度下，不同权重系数 α 下的 one-error 值都低于 ML-BP、ML-KNN 和 BP-MLL。

（2）各算法的 one-error 值都随着格网尺度的增大而增大，且当格网尺度在 100×100～600×600m 时，one-error 值随着格网尺度的增大而急剧增大，当格网尺度大于 600m×600m 时，one-error 值随着格网尺度的增大而缓慢增大。

（3）当格网尺度在 100×100～500×500m 时，不同权重系数 α 内的 one-error 值变化较大；当格网尺度大于 500m×500m，不同权重系数 α 内的 one-error 值变化较小。

（4）在不同权重系数 α 中，当 $\alpha=0.3$ 时，各尺度中的 one-error 值最低，而当 $\alpha=0.9$ 时，各尺度中的 one-error 值最高。

（5）在所有的算法和不同格网尺度中，one-error 值在格网尺度为 100m×100m 且权重系数 $\alpha=0.3$ 时最低。

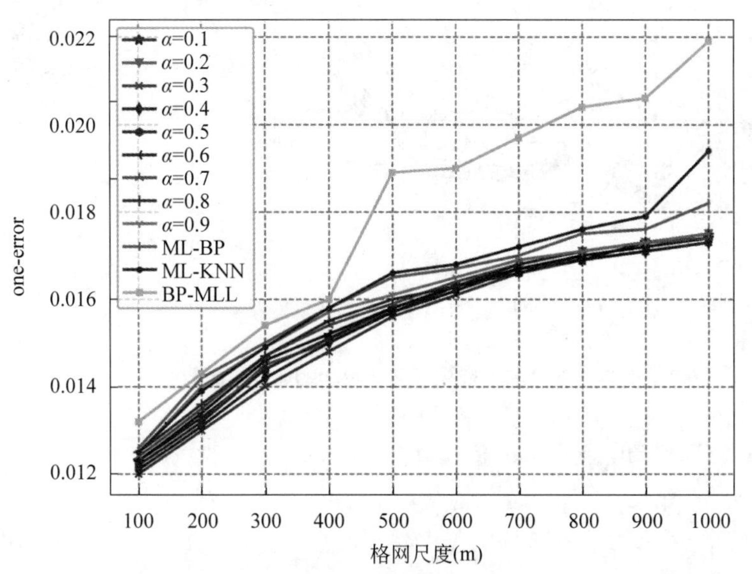

图 6.8　不同格网尺度下各个算法的 one-error 对比图

不同格网尺度下各算法的 ranking loss 值对比如图 6.9 所示，从图中可以看出如下几点。

（1）在不同的格网尺度中，不同权重系数 α 下的 ranking loss 值都低于 ML-BP、

ML-KNN 和 BP-MLL。

（2）当格网尺度在 100×100～400×400m 时，BP-MLL 算法的 ranking loss 值先随着格网尺度的增大而增大，在 500m×500m 时减小，而后又随着格网尺度的增大而逐渐增大；当格网尺度在 100×100～500×500m 时，ML-KNN 的 ranking loss 值随着格网尺度的增大不断上下波动，当格网尺度大于 500m×500m 时，其 ranking loss 值随着格网尺度的增大而增大；当格网尺度在 100×100～200×200m 时，ML-BP 和权重系数 $\alpha=0.9$ 时的 ranking loss 值随着格网尺度的增大而增大，在 300m×300m 时减小，而在 300×300～800×800m 时又随着格网尺度的增加而增加，在 900m×900m 时又减小，而后又增加；当权重系数 α 为 0.1～0.8 时，ranking loss 值随着格网尺度的增大不断上下波动；各算法的 ranking loss 值都在格网尺度为 100m×100m 时最低。

（3）当权重系数 α 为 0.1～0.4 时，ranking loss 值随 α 的变化基本无规律；当权重系数 α 大于 0.4 时，ranking loss 值随 α 的增大而增大。

（4）在所有的算法和不同 α 格网尺度中，ranking loss 值在格网尺度为 100m×100m 且权重系数 $\alpha=0.3$ 时最低。

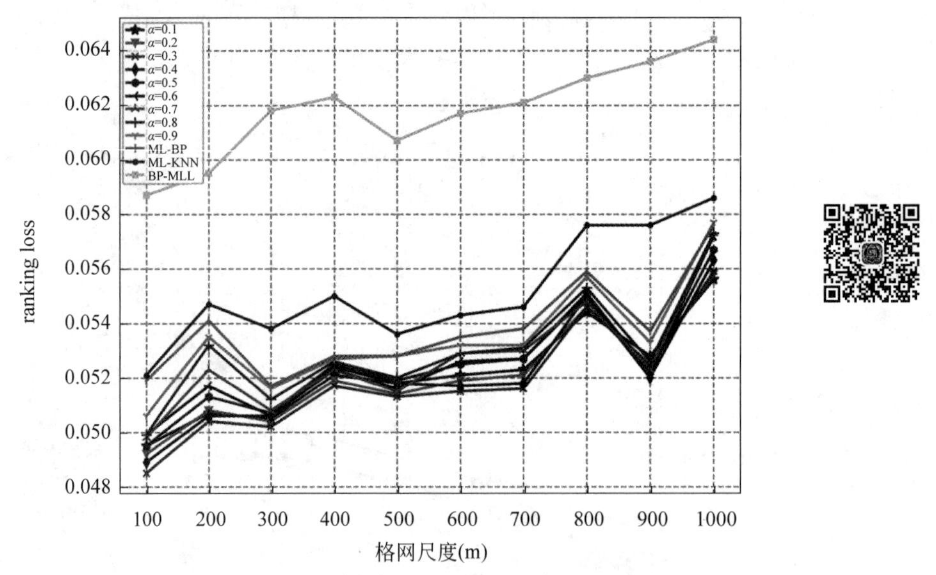

图 6.9　不同格网尺度下各算法的 ranking loss 对比图

不同格网尺度下各算法的 coverage 值对比如图 6.10 所示，从图中可以看出如下几点。

（1）在不同的格网尺度中，不同权重系数 α 下的 coverage 值都低于 ML-BP 和 ML-KNN。

（2）各算法的 coverage 值都随着格网尺度的增大而增大，且除个别算法在格网尺度为 200×200～300×300m 时的 coverage 值增长较缓慢外，其他格网尺度下的 coverage 值几乎随格网尺度的增大而呈直线增长。

（3）当格网尺度在 100×100～300×300m 时：①权重系数 α 为 0.1～0.4 时，

coverage 值随 α 值变化较小；②权重系数 α 大于 0.4 时，coverage 值随 α 值的增大而增大；当格网尺度大于 300m×300m 时，不同权重系数 α 内的 coverage 值变化较小。

（4）在所有的算法和不同格网尺度中，coverage 值在格网尺度为 100m×100m 且权重系数 $\alpha=0.3$ 时最低。

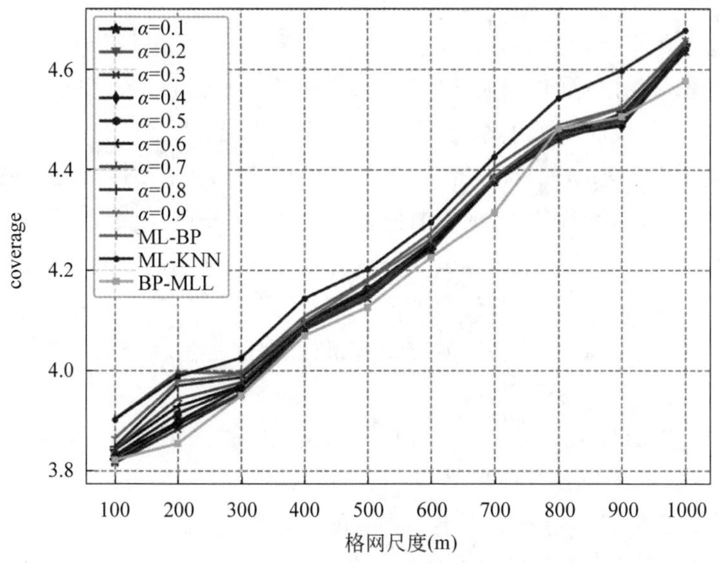

图 6.10　不同格网尺度下各算法的 coverage 对比图

从以上不同格网尺度下各算法的 4 个多标签评价指标对比分析结果可以看出如下几点。

（1）总体来说，本章提出的多标签分类模型的评价指标优于多标签算法 BP-MLL 和 ML-KNN，表明本章提出的多标签分类算法具有较好的分类效果。

（2）在不同尺度下，各算法的 4 个指标都在格网尺度为 100m×100m 时达到最小值，表明格网尺度越小，数据量越大，多标签分类结果越精确。

（3）将改进的 BP 神经网络和改进的 Huff 模型进行融合时，权重系数 α 会对分类结果有一定的影响，权重系数 α 为 0.1～0.4 时，各指标的值随 α 变化较小，而当权重系数 α 大于 0.4 时，各指标随 α 的增大而增大，该结果表明将改进的 BP 神经网络和改进的 Huff 模型进行融合时，改进的 BP 神经网络占的比重小于 0.5 时分类结果较好。

（4）在所有的算法和不同格网尺度中，4 个评价指标都在格网尺度为 100m×100m 且权重系数 $\alpha=0.3$ 时最低，说明在格网尺度为 100m×100m 时将权重系数 $\alpha=0.3$ 的模型用于本章的数字标牌受众分类时的分类效果最好。

6.4.3　结果分析

本章将数据的格网尺度设为 100m×100m，将改进的 BP 神经网络和改进的 Huff 模型融合的权重系数 α 设为 0.3，对未布设数字标牌的区域进行受众类型预测，并对其结果进行可视化。

受众类型为生产、营运、采购、物流的分布如图 6.11(a)所示，该类型的受众分布比较广泛，集聚区主要在北京站、四元桥、五元桥、各环路以及首都机场附近，这些区域分布着大量的物流公司，特别地，首都机场是航空国际运输枢纽型的大型物流基地和北京临空经济核心区域，承担着北京到全国各大城市以及其他国家的货物运输等多项职能。因此，这些区域的数字标牌适合投放与物流信息相关的广告。

受众类型为公务员、翻译及其他的分布如图 6.11(b)所示，该类型的受众分布比较集中，集聚高值区主要分布在安定门、圆明园附近，这些区域分布着众多的政府机构，因此数字标牌广告投放应该以政府相关工作为主。

受众类型为服务业的分布如图 6.11(c)所示，该类型的受众集中分布在城四环内，该区域建筑密度高，人口密集并且交通便利，区域内分布着大量的电影院、超市、零售商店和餐馆等服务行业，因此，这些区域的数字标牌适合投放生活服务和休闲娱乐类广告。

受众类型为会计、金融、银行、保险的分布如图 6.11(d)所示，该类型的受众零星分布在四环内以及五环外的环路周围，这些区域分布着银行、保险等金融公司，因此，这些区域的数字标牌适合投放经济信息类广告。

受众类型为贸易、百货的分布如图 6.11(e)所示，该类型的受众集中分布在四环内，这些区域涵盖了 CBD、燕莎、王府井和西单等核心商圈，区域内分布着大量的商业中心和大型商场，该区域的数字标牌适合推送高端零售类的广告。

受众类型为销售、客服、技术支持的分布如图 6.11(f)所示，该类型的受众集中分布在四环内，该区域人口密集，区域内分布着多个电子设备卖场和通信客服中心，该区域的数字标牌适合投放销售类广告。

受众类型为广告、市场、媒体、艺术的分布如图 6.11(g)所示，该类型的受众分布比较广泛，五元桥附近的 798 艺术区是高值集聚区，该区域分布着多家文化艺术机构，为艺术创新者提供了艺术展示和创作的空间，该区域的数字标牌适合投放文化、艺术宣传类的广告。

受众类型为建筑、房地产的分布如图 6.11(h)所示，该类型的受众集中分布在四环内，这些地方分布着大量的房地产和建筑公司，该区域的数字标牌适合投放房屋销售与设计类广告。

受众类型为计算机、互联网、通信、电子的分布如图 6.11(i)所示，该类型的受众分布比较集中，集聚高值地区为中关村附近，中关村是电子科技产品的聚集地，吸引了众多的电子科技人才，该区域的数字标牌适合投放 IT 相关信息的广告。

受众类型为咨询、法律、教育、科研的分布如图 6.11(j)所示，该类型的受众分布比较集中，高值集聚区为五道口附近，这里集中分布着多所高校，该区域的数字标牌适合投放教育相关信息类广告。

受众类型为人事、行政、高级管理的分布如图 6.11(k)所示，该类型的受众分布非常集中，高值集聚区分布在二环内，该区域内分布着众多的政府机构和学校，该区域的数字标牌适合投放行政工作宣传类广告。

受众类型为生物、制药、医疗、护理的分布如图 6.11(l)所示，该类型的受众总体分布比较零散，在二环内分布较为集中，这里包含了北京协和医院、北京大学第一医院等多所医院，该区域的数字标牌适合投放医疗信息类广告。

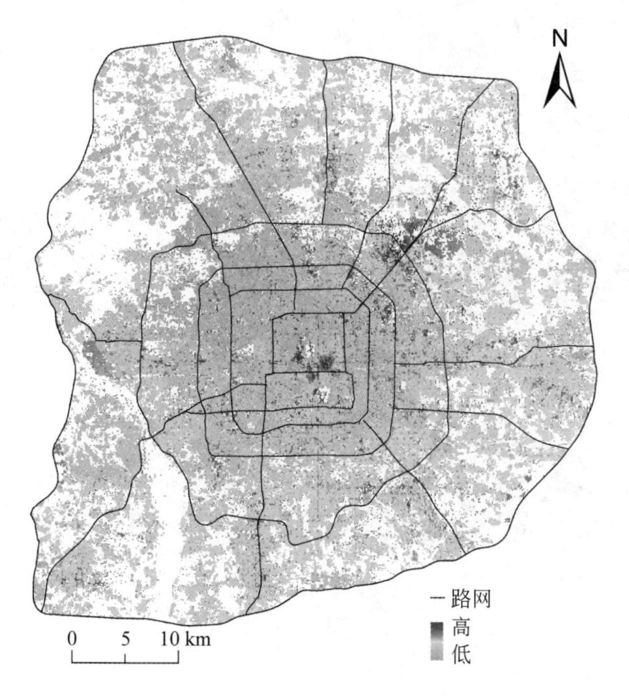

(a) 生产、营运、采购、物流的分布

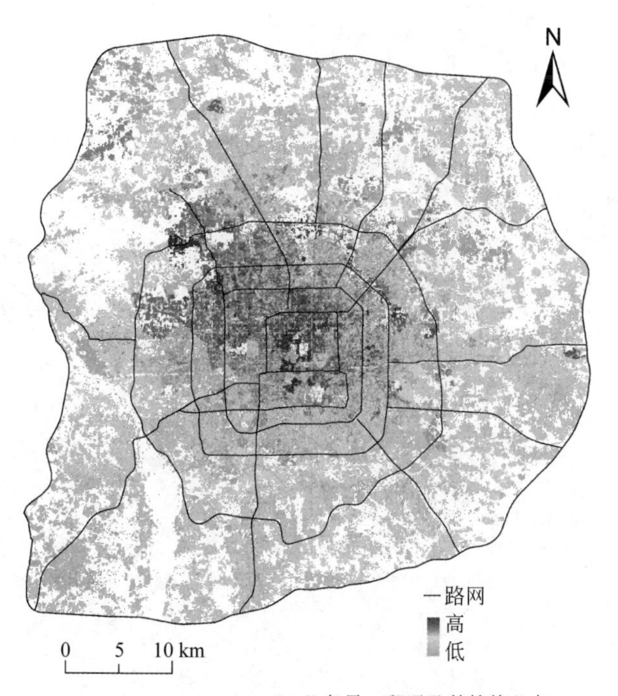

(b) 公务员、翻译及其他的分布

图 6.11　数字标牌受众可视化结果

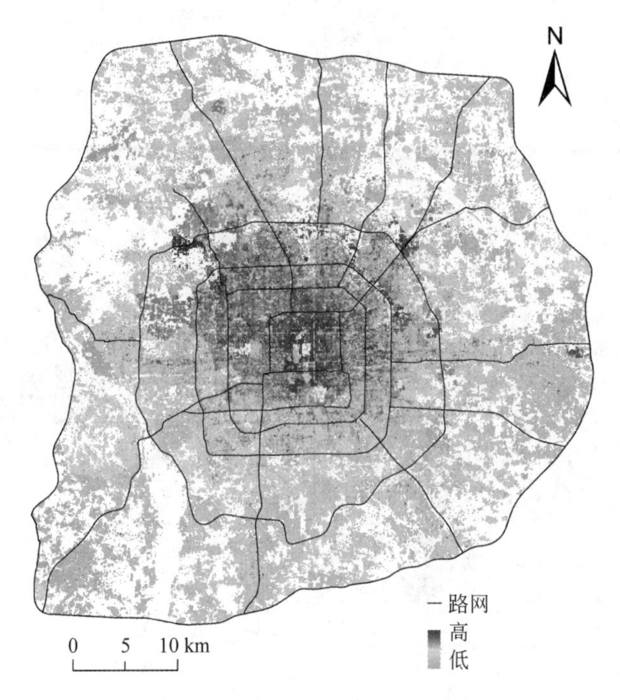

(c) 服务业的分布

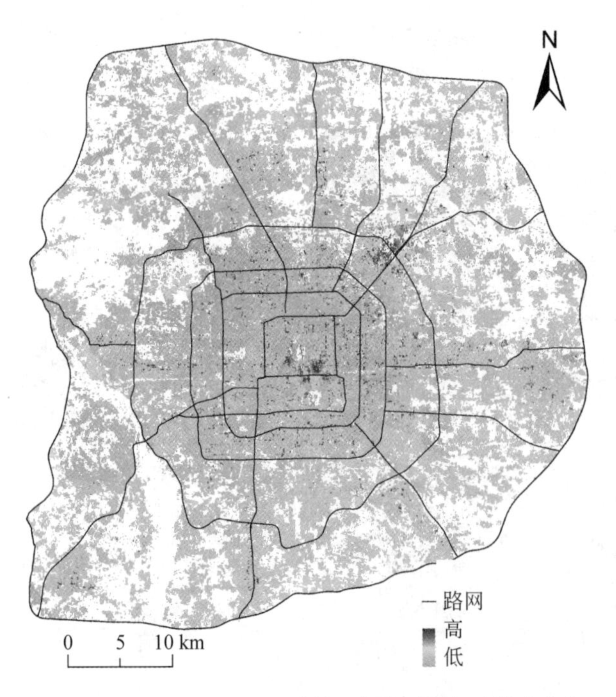

(d) 会计、金融、银行、保险的分布

图 6.11（续）

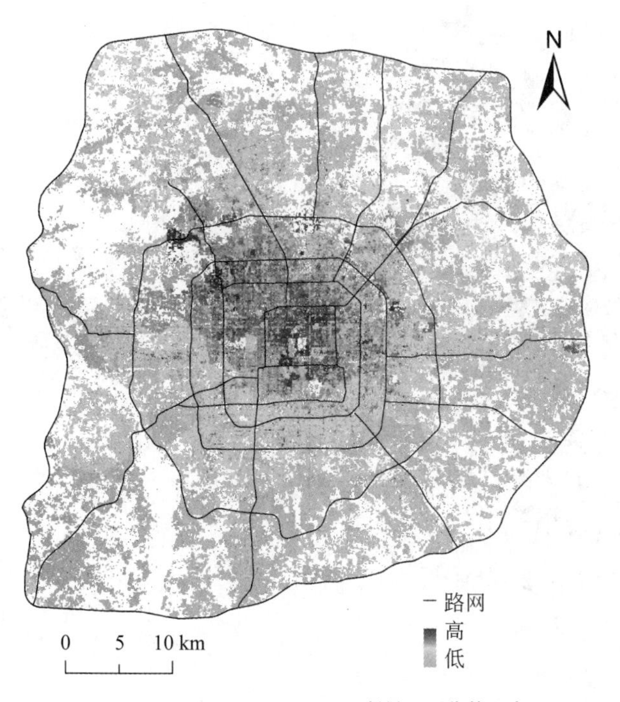

(e) 贸易、百货的分布

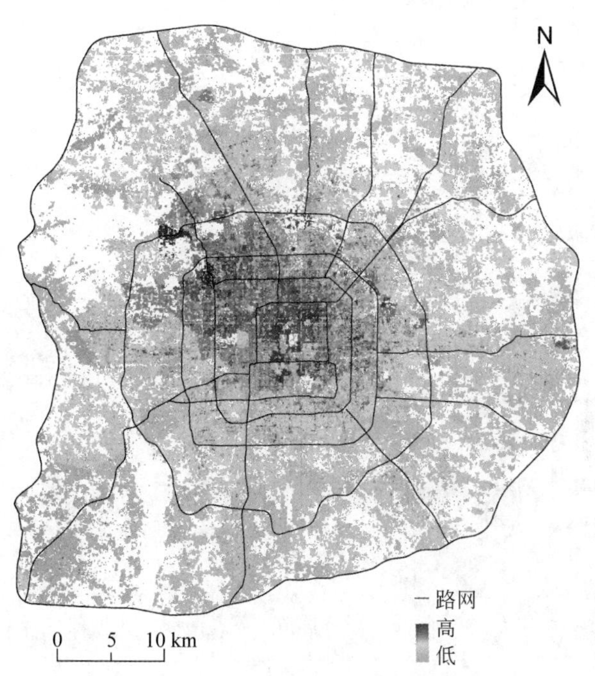

(f) 销售、客服、技术支持的分布

图 6.11（续）

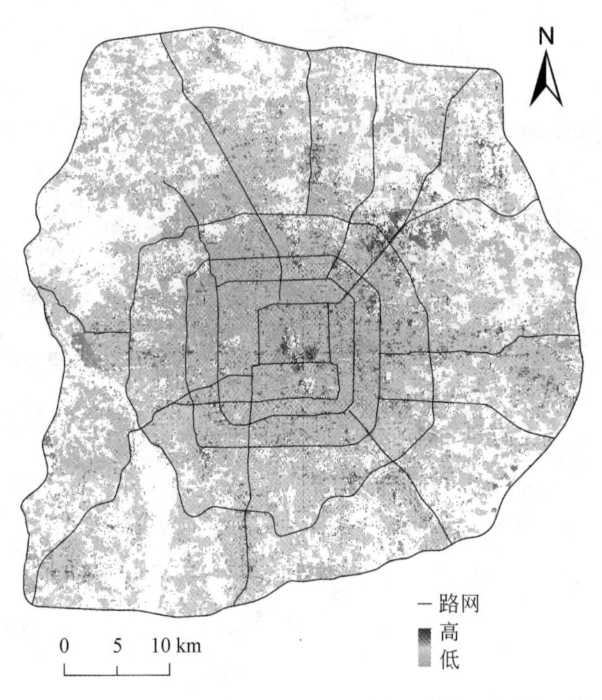

(g) 广告、市场、媒体、艺术的分布

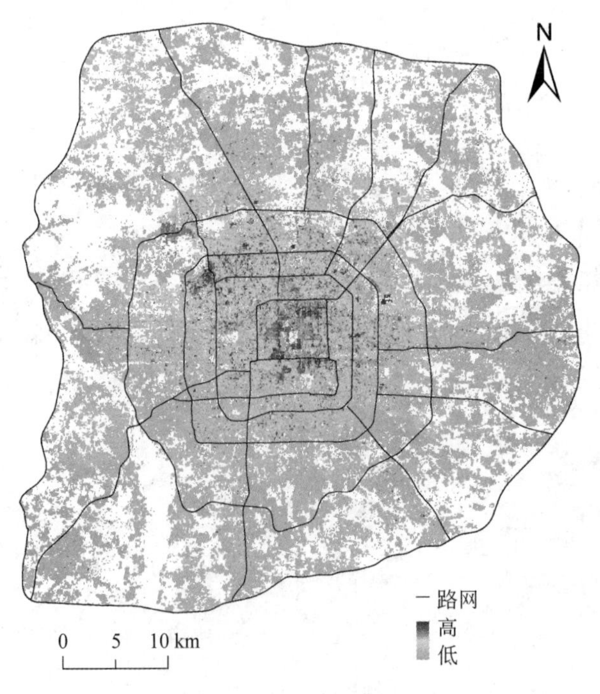

(h) 建筑、房地产的分布

图 6.11（续）

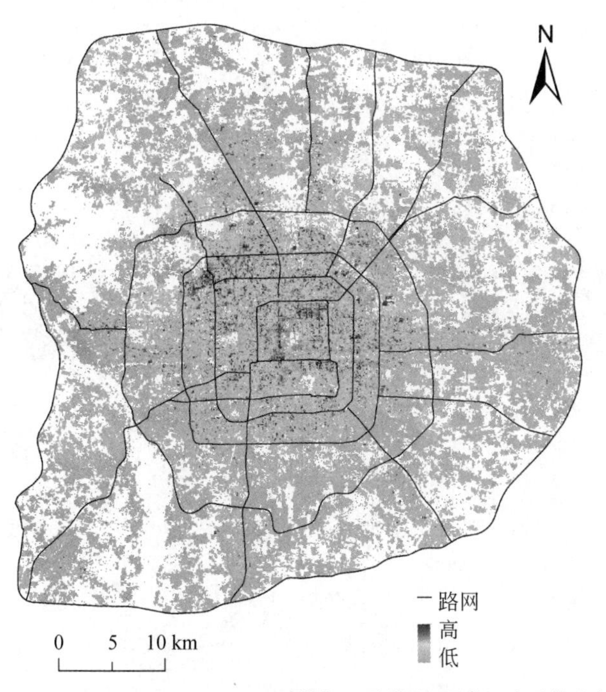

(i) 计算机、互联网、通信、电子的分布

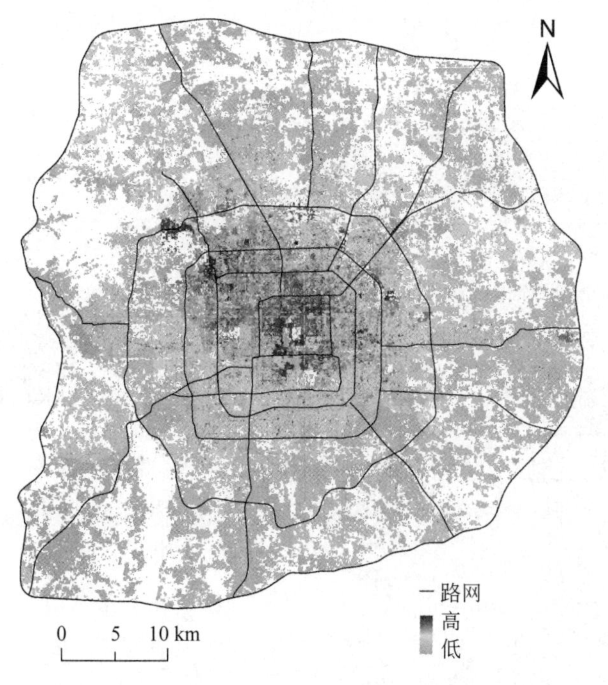

(j) 咨询、法律、教育、科研的分布

图 6.11(续)

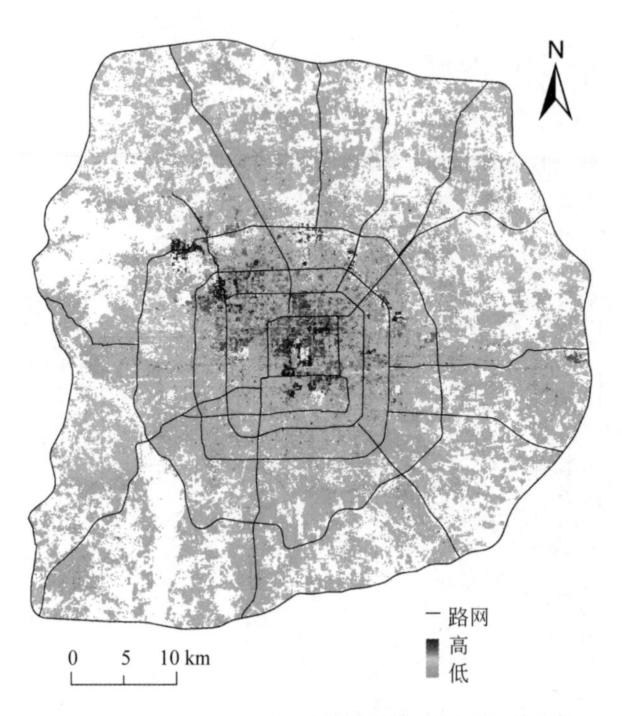

(k) 人事、行政、高级管理的分布

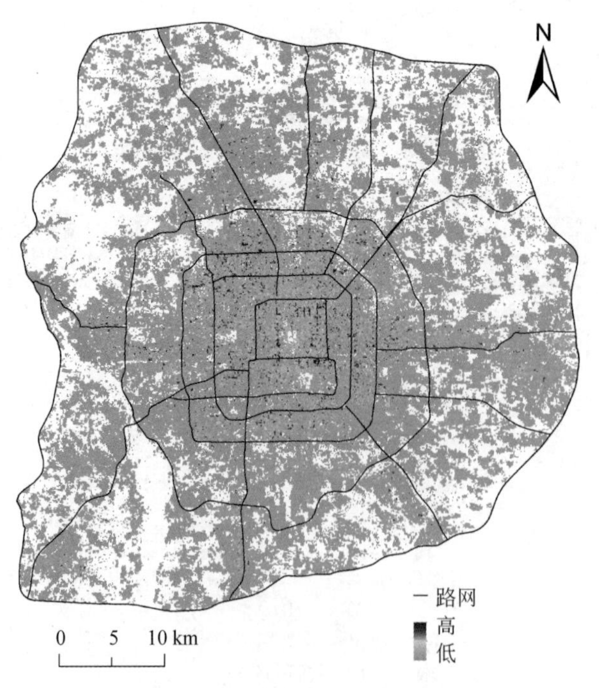

(l) 生物、制药、医疗、护理的分布

图 6.11（续）

为了对12种受众类型进行综合分析，本研究将12种受众类型的预测结果进行了叠加，计算出每个格网中存在所有类型的受众的可能性程度，可视化示意如图6.12所示。从图6.12中可以看出，数字标牌受众主要集中分布在四环内以及五环的环路周围，这些区域经济十分发达，建筑密度高，人口密集并且交通便利，区域涵盖了王府井和西单等核心商圈，区域内分布着众多的公司、学校、医院、银行、超市等，因此，数字标牌受众在这些区域分布比较集中。

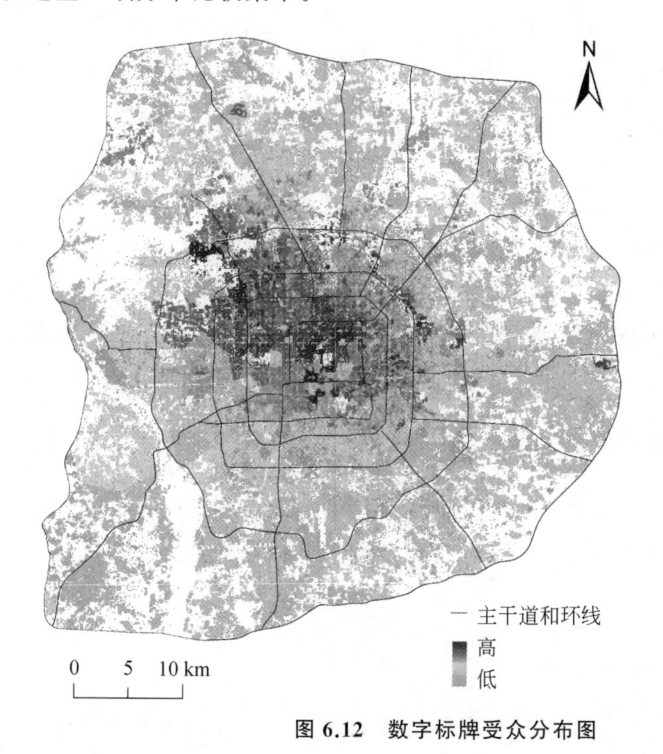

图6.12 数字标牌受众分布图

6.5 本章小结

本章提出了一种基于神经网络和Huff模型的数字标牌受众分类模型，模型以BP神经网络分类算法为基础，并对其进行优化以使其能够适应多标签特征数据分类。同时，利用改进的Huff模型计算已布设数字标牌格网对未布设数字标牌格网的受众影响力，然后将其融入改进的BP神经网络中对不同尺度下的区位因子进行受众测量研究。最后，利用4种验证指标对提出的模型进行有效性检验，在检验过程中各评价指标均表现良好，表明本章提出的多标签分类模型具有较好的分类效果，将其用于数字标牌受众类型分类时能够使分类结果更加精确。

第7章 主要结论及展望

7.1 主要结论

数字标牌是城市户外广告的重要媒介，随着数字标牌数量的日益增长和数字标牌业务的日益复杂，对数字标牌引入精确位置推荐、受众分类和位置优化方法，从而实现数字标牌规范化管理和广告的精准化投放是数字标牌企业亟待解决的问题。因此，本书提出了耦合多源要素的数字标牌位置推荐和受众分类模型，以期能够实现数字标牌的科学化管理及广告的个性化投放。本书的研究成果如下。

1. 数字标牌多尺度区位因子构建

通过对研究数据进行多尺度空间化处理实现了数据尺度的统一，经过数据清洗和相关性分析，确定了数字标牌的影响因素，构建了数字标牌多尺度区位因子，从而为后续的研究奠定了基础。

2. 数字标牌空间结构特征研究

利用3种点模式分析方法和4种空间等级性划分方法对研究区的数字标牌样本点进行了空间结构特征分析。通过对数字标牌空间特征与影响因素分析，旨在剖析数字标牌的空间分布态势，有效地进行分级管理，并且进一步明确数字标牌的影响因素。以期为广告投放效益的最大化、数字标牌资源配置的最优化可持续发展提供理论和实践依据。

3. 基于内容推荐算法的数字标牌位置推荐模型

首先介绍了4种典型的聚类算法，并利用这4种算法对研究区进行了划分，将划分的结果作为建模数据序列，同时以基于内容的推荐算法为基础，将基于内容的推荐结果和数字标牌空间特征中的核密度计算结果进行融合，构建了数字标牌位置推荐模型。通过实验验证表明本书提出的推荐算法拥有较好的推荐结果，同时，对不同聚类算法的推荐质量进行对比，发现利用SOM算法对研究区进行划分时能够明显地提高模型的精确率与召回率，从而提升位置推荐效果。

4. 集优 Huff 模型与预测方法的数字标牌位置优选模型

本书基于签到数量和数字标牌播放价格，改进 Huff 模型计算数字标牌空间可达性，对待布设位置进行初选。利用不同的预测类算法计算区位数字标牌布设潜力，结果表明在 100m 尺度下，以 PCA 降维后的数字标牌影响因子作为模型输入数据，BP 神经网络算法预测布设潜力的均方根误差较小。将初选结果与布设潜力结果进行叠置分析，得到选址结果。以假阳性率和真阳性率作为评价指标绘制 ROC 曲线，对模型正确性和有效性进行评估，评估结果表明，利用本书提出的方法进行选址能够具有较高的准确率，说明本书提出的选址方法具有较好的效果，可以进一步提高选址质量。

5. 融合神经网络和 Huff 模型的数字标牌主题优选模型

本书以 BP 神经网络分类算法为基础，对其进行改进使其能够对具有多标签特征的数据进行分类，同时，利用改进的 Huff 模型计算已布设数字标牌格网对未布设数字标牌格网的受众影响力，并将其融入改进的 BP 神经网络中，从而构建了基于 Huff-BP 的数字标牌受众分类模型。通过和已有多标签算法的对比分析，证明本书提出的多标签分类模型在进行数字标牌受众分类时比已有的算法更有效。

7.2　研究展望

本书在充分了解数字标牌的背景及相关技术的发展现状后，对数字标牌位置推荐、受众分类和空间布局优化选址进行了深入研究。在现有技术的基础上，提出了耦合经济、用户需求、商业环境、交通、社交网络等多源要素的数字标牌位置推荐、受众分类模型和数字标牌位置优选模型，本书的研究能够有效提高数字标牌布设的科学性，进一步提高数字标牌产品竞争力，使广告推送朝着精准化、个性化、低碳化、可持续化的方向发展。由于时间的限制，相关研究还有很多需要完善的地方。

（1）目前街景影像数据、手机信令数据、地铁刷卡数据等时空大数据为数字标牌空间选址提供了新的数据源，后续工作将进一步把多源的时空大数据引入数字标牌精准推荐过程。

（2）目前 GCN、GAN、Transformer 等深度学习方法为数字标牌精准推荐提供了新的技术手段，下一步将聚焦深度学习方法进行数字标牌优化选址研究。

附录A 主要缩略词含义

AI	Artificial Intelligence,人工智能
AR	Augmented Reality,增强现实
BIRCH	Balanced Iterative Reducing and Clustering Using Hierarchies,基于平衡迭代规约的层次聚类
BP	Back-Propagation,反向传播
BR	Binary Relevance,二元关联
CBD	Central Business District,中央商务区
CBF	Content-Based Filtering,基于内容的推荐
CDN	Content Delivery Network,内容分发网络
CF	Cluster Feature,聚类特征
CH 指数	Calinski-Harabasz Index
CLR	Calibrated Label Ranking,校准标签排序
DBSCAN	Density-Based Spatial Clustering of Applications With Noise,基于密度的空间噪声数据聚类
DNN	Deep Neural Network,深度神经网络
FN	False Negative,假阴性
FP	False Positive,假阳性
FPR	False Positive Rate,假阳性率
GDP	Gross Domestic Product,国内生产总值
GIS	Geographic Information System,地理信息系统
GPS	Global Positioning System,全球定位系统
HR	Hybrid Recommendation,混合推荐
LR	Linear Regression,线性回归
LSD	Least Significant Difference,最小显著差数
MAC	Media Access Control,媒体访问控制
MAP	Maximum A Posteriori,最大后验概率
MAUP	Modifiable Areal Unit Problem,可塑面积单元问题
MBR	Main Bootable Record,主引导记录
MIC	Maximal Information Coefficient,最大信息系数
ML-KNN	Multi-Label K Nearest Neighbor,多标签 K 近邻
P2P	Peer-to-Peer,点对点
PCA	Principal Components Analysis,主成分分析
POI	Point Of Interest,兴趣点
PPT	Pruned Problem Transformation,剪枝问题转换

RakEL	Random k-Label sets,随机 k-Label 集
RBF	Radical Basis Function,径向基函数
RF	Random Forest,随机森林
RMSE	Root Mean Squared Error,均方根误差
ROC 曲线	Receiver Operating Characteristic Curve,受试者工作特征曲线
RPC	Ranking by Pairwise Comparison,成对比较排序
SL	Supervised Learning,监督学习
SNK	Student-Newman-Keuls,SNK 检验
SOM	Self-Organization Map,自组织映射网
SVD	Singular Value Decomposition,奇异值分解
SVM	Support Vector Machine,支持向量机
SVR	Support Vector Regression,支持向量回归
TN	True Negative,真阴性
TP	True Positive,真阳性
TPR	True Positive Rate,真阳性率

参考文献

[1] 中国信息通信研究院. 中国数字经济发展白皮书(2020 年)[EB/OL].(2020-07-03)[2022-01-20].http://www.caict.ac.cn/kxyj/qwfb/bps/202007/t20200702_285535.htm.

[2] 中华人民共和国国务院. 政府工作报告[EB/OL].(2021-03-12)[2022-01-20]. http://www.gov.cn/premier/2021-03/12/content_5592671.htm.

[3] Schaeffler J. Digital Signage: Software, Networks, Advertising, and Displays: A Primer for Understanding the Business[M]. Boca Raton: CRC Press, 2012.

[4] Burke R R. Behavioral Effects of Digital Signage[J]. Journal of Advertising Research, 2009, 49(2): 180.

[5] 徐德力，张晓慧，黄华，等. "数字标牌"(Digital Signage)技术在气象预警服务中的应用[C]. 2011 年国家综合防灾减灾与可持续发展论坛，2011: 215-223.

[6] Dennis C, Brakus J J, Gupta S, et al. The effect of digital signage on shoppers' behavior: The role of the evoked experience[J]. Journal of Business Research, 2014,67(11): 2250-2257.

[7] Alfian G, Ijaz M F, Syafrudin M. Customer behavior analysis using real-time data processing: A case study of digital signage-based online stores[J]. Asia Pacific Journal of Marketing and Logistics, 2019, 31: 265-290.

[8] Yoon S, Kim H. Research into the Personalized Digital Signage Display Contents Information Through a Short Distance Indoor Positioning[J]. International Journal of Smart Home, 2015, 9(12): 171-178.

[9] Ijaz M F, Tao W, Rhee J, et al. Efficient Digital Signage-Based Online Store Layout: An Experimental Study[J]. Sustainability, 2016, 8(6): 511.

[10] Inoue H, Suzuki K, Sakata K, et al. Development of a Digital Signage System for Automatic Collection and Distribution of Its Content from the Existing Digital Contents and Its Field Trials[C]//International Symposium on Applications and the Internet(IEEE), 2011: 463-468.

[11] Hyun W, Huh M Y, Kim S H, et al. Standardizations and considerations on P2P-based contents distribution for digital signage service[C]//International Conference on Advanced Communication Technology. IEEE, 2015: 509-512.

[12] Borut B, Robert R, Franc S. Computer vision and digital signage[C]//In: Tenth International Conference on Multimodal Interfaces,Chania, Crete, Greece, 20-22 Oct 2008: 1-4.

[13] Ravnik R, Solina F. Audience Measurement of Digital Signage: Quantitative Study in Real-World Environment Using Computer Vision[J]. Interacting with Computers, 2013, 25(3): 218-228.

[14] Ravnik R, Solina F. Interactive and Audience Adaptive Digital Signage Using Real-TimeComputer Vision[J]. International Journal of Advanced Robotic Systems, 2013, 10(2): 323-330.

[15] Farinella G M, Farioli G, Battiato S, et al. Face Re-Identification for Digital Signage Applications[C]//International Workshop on Video Analytics for Audience Measurement in Retail and Digital Signage. Springer, Verlag 2014: 40-52.

[16] Ravnik R, Solina F, Zabkar V. Modelling in-store consumer behaviour using machine learning and digital signage audience measurement data.[J]. Springer International Publishing, 2014: 123-133.

[17] Lee D, Kim D, Lee J, et al. Design of Low Cost Real-Time Audience Adaptive Digital Signage using Haar Cascade Facial Measures[J]. The International Journal of Advanced Culture Technology, 2017, 5(1): 51-57.

[18] 陈炜. 多媒体信息发布系统的优化设计实现与部署[D]. 上海: 复旦大学, 2013.

[19] Moon S W, Lee J W, Lee J S, et al. Software-based encoder for UHD digital signage system [C]//International Conference on Advanced Communication Technology. Korea, IEEE, 2014: 649-652.

[20] Bauer C, Garaus M, Strauss C, et al. Research Directions for Digital Signage Systems in Retail [J]. Procedia Computer Science, 2018: 141,503-506.

[21] Willis K, Aurigi A. Digital and Smart Cities[M]. London: Routledge, 2017.

[22] Ben Telford. Outdoor digital signage and the rise of smart cities[DB/OL]. (2019-02-15)[2022-01-20]. https://www. digitalsignagetoday. com/blogs/outdoor-digital-signage-and-the-rise-of-smart-cities.

[23] 苏奋振, 吴文周, 张宇, 等. 从地理信息系统到智能地理系统[J].地球信息科学学报, 2020,22(1): 2-10.

[24] 裴韬, 刘亚溪, 郭思慧, 等. 地理大数据挖掘的本质[J]. 地理学报, 2019, 074(003): 586-598.

[25] 宋长青, 张国友, 程昌秀, 等. 论地理学的特性与基本问题[J].地理科学,2020,40(1): 6-11.

[26] 李德仁.论时空大数据的智能处理与服务[J].地球信息科学学报,2019,21(12): 1825-1831.

[27] Kelsen K. Unleashing the Power of Digital Signage: Content Strategies for the 5th Screen[M]. Boca Raton: CRC Press, 2012.

[28] Hossain M A, Islam A, Le N T, et al. Performance analysis of smart digital signage system based on software-defined IoT and invisible image sensor communication[J]. International Journal of Distributed Sensor Networks, 2016, 12(7): 1-14.

[29] Alfian G, Ijaz M F, Syafrudin M. Customer behavior analysis using real-time data processing: A case study of digital signage-based online stores[J]. Asia Pacific Journal of Marketing and Logistics, 2019, 31: 265-290.

[30] Ochiai A, Takemura T. Construction of a Home Digital Signage System to Promote Walking as a Physical Activity[J]. Studies in health technology and informatics, 2019, 264: 1966-1967.

[31] 沈浩, 崔成, 王昕, 等. 基于人脸云数据数字标牌投放效果的研究[J]. 包装工程, 2016, 37(04): 129-133,151.

[32] Kim H Y, Lee Y, Cho E, et al. Digital atmosphere of fashion retail stores[J]. Fashion and Textiles, 2020, 7(1): 30.

[33] Sanden S, Willems K, Brengman M. How do consumers process digital display ads in-store? The effect of location, content, and goal relevance[J]. Journal of Retailing and Consumer Services, 2020, 56(102177): 1-12.

[34] Roux T, Mahlangu S, Manetje T. Digital signage as an opportunity to enhance the mall environment: a moderated mediation model[J]. International Journal of Retail & Distribution

Management, 2020, 48(10): 1099-1119.

[35] Jäger A K, Weber A. Increasing sustainable consumption: message framing and in-store technology[J]. International Journal of Retail & Distribution Management, 2020, 48(8): 803-824.

[36] Alfian G, Ijaz M F, Syafrudin M. Customer behavior analysis using real-time data processing: A case study of digital signage-based online stores[J]. Asia Pacific Journal of Marketing and Logistics, 2019, 31: 265-290.

[37] Lee H, Cho C H. An empirical investigation on the antecedents of consumers' cognitions of and attitudes towards digital signage advertising[J]. International Journal of Advertising, 2017, 38(4): 1-19.

[38] 姚隽，姜博. 户外广告设置规划探析——以桐城市中心城区户外广告设置规划为例[J].城市地理，2016(20): 12.

[39] Greco A, Saggese A, Vento M. Digital Signage by Real-Time Gender Recognition From Face Images[C]//2020 IEEE International Workshop on Metrology for Industry 4.0 and IoT, Italy, IEEE, 2020: 309-313.

[40] Shilov N, Smirnova O, Morozova P, et al. Digital Signage Personalization for Smart City: Major Requirements and Approach[C]//2019 IEEE International Black Sea Conference on Communications and Networking, Russia, IEEE, 2019: 1-3.

[41] Garaus M, Wagner U, Rainer R C. Emotional targeting using digital signage systems and facial recognition at the point-of-sale[J]. Journal of Business Research, 2021(2): 3-16.

[42] Lee D, Kim D, Lee J, et al. Design of Low Cost Real-Time Audience Adaptive Digital Signage using Haar Cascade Facial Measures[J]. The International Journal of Advanced Culture Technology, 2017, 5(1): 51-57.

[43] Shilov N, Smirnova O, Morozova P, et al. Digital Signage Personalization for Smart City: Major Requirements and Approach[C]//2019 IEEE International Black Sea Conference on Communications and Networking, Russia, IEEE, 2019: 1-3.

[44] Choi K, Jang D H, Kang S I, et al. Hybrid algorithm combing genetic algorithm with evolution strategy for antenna design[J]. IEEE Transactions on Magnetics, 2016, 52(3): 1-4.

[45] Rosselan M Z, Sulaiman S I. Assessment of evolutionary programming, firefly algorithm and cuckoo search algorithm in single-objective optimization[C]//2016 IEEE Conference on Systems, Process and Control, Malaysia, IEEE,2017: 202-206.

[46] Tominaga Y, Okamoto Y, Wakao S, et al. Binary-based topology optimization of magnetostatic shielding by a hybrid evolutionary algorithm combining genetic algorithm and extended compact genetic algorithm[J]. IEEE Transactions on Magnetics, 2013, 49(5): 2093-2096.

[47] Liagkouras K, Metaxiotis K. Improving multi-objective algorithms performance by emulating behaviors from the human social analogue in candidate solutions[J]. European Journal of Operational Research, 2020, 292(3): 1019-1036.

[48] Liang Z, Zou Y, Zheng S, et al. A Feedback-based Prediction Strategy for Dynamic Multi-objective Evolutionary Optimization[J]. Expert Systems with Applications, 2021, 172

(1): 114594.

[49] Xie Y, Qiao J, Wang D, et al. A novel decomposition-based multiobjective evolutionary algorithm using improved multiple adaptive dynamic selection strategies[J]. Information Sciences, 2021, 556: 472-494.

[50] Zou W Q, Pan Q K, Wang L. An effective multi-objective evolutionary algorithm for solving the AGV scheduling problem with pickup and delivery[J]. Knowledge-Based Systems, 2021, 218(3): 106881.

[51] Cheng L, Yin L, Wang J, et al. Behavioral decision-making in power demand-side response management: A multi-population evolutionary game dynamics perspective[J]. International Journal of Electrical Power & Energy Systems, 2021, 129: 106743.

[52] Caldeira R H, Gnanavelbabu A. A Pareto based discrete Jaya algorithm for multi-objective flexible job shop scheduling problem[J]. Expert Systems with Applications, 2021, 170: 114567.

[53] Padmanabhan B, Barfar A. Learning Individual Preferences from Aggregate Data: A Genetic Algorithm for Discovering Baskets of Television Shows with Affinities to Political and Social Interests[J]. Expert Systems with Applications, 2020, 168(4): 114184.

[54] Radaideh M I, Shirvan K. Rule-based reinforcement learning methodology to inform evolutionary algorithms for constrained optimization of engineering applications[J]. Knowledge-Based Systems, 2021, 217(2): 106836.

[55] Fan Q, Wu S, Zhou X, et al. A Genetic Algorithm based on Auxiliary Individual Directed Crossover for Internet of Things Applications[J]. IEEE Internet of Things Journal, 2021, 8(7): 5518-5530.

[56] Wang F, Liao F, Li Y, et al. An ensemble learning based multi-objective evolutionary algorithm for the dynamic vehicle routing problem with time windows[J]. Computers & Industrial Engineering, 2021, 154(3): 107131.

[57] Ji J Y, Yu W J, Zhong J, et al. Density-Enhanced Multiobjective Evolutionary Approach for Power Economic Dispatch Problems[J]. IEEE Transactions on Systems, Man, and Cybernetics: Systems, 2021, 51(4): 2054-2067.

[58] Boonstra S, Blom K, Hofmeyer H, et al. Hybridization of an evolutionary algorithm and simulations of co-evolutionary design processes for early-stage building spatial design optimization[J]. Automation in Construction, 2021, 124: 103522.

[59] Chen M, Ma Y. Dynamic multi-objective evolutionary algorithm with center point prediction strategy using ensemble Kalman filter[J]. Soft Computing, 2021, 25(7): 5003-5019.

[60] Gahegan M. Fourth paradigm GIScience? Prospects for automated discovery and explanation from data[J]. International Journal of Geographical Information Science, 2019(1): 1-21.

[61] 程昌秀, 史培军, 宋长青, 等. 地理大数据为地理复杂性研究提供新机遇[J]. 地理学报, 2018, 73(8): 1397-1406.

[62] Adomavicius G, Tuzhilin A. Toward the Next Generation of Recommender Systems: A Survey of the State-of-the-Art and Possible Extensions[J].IEEE Transactions on Knowledge and Data Engineering,2005,17(6): 734-749.

[63] 王国霞，刘贺平．个性化推荐系统综述[J]．计算机工程与应用，2012，48(7)：66-76.

[64] 杨武，唐瑞，卢玲．基于内容的推荐与协同过滤融合的新闻推荐方法[J]．计算机应用，2016，36(2)：414-418.

[65] 吕学强，王腾，李雪伟，等．基于内容和兴趣漂移模型的电影推荐算法研究[J]．计算机应用研究，2018，35(3)：717-720，802.

[66] Papneja S，Sharma K，Khilwani N. Context aware personalized content recommendation using ontology based spreading activation[J]. International Journal of Information Technology，2018(421425)：1-6.

[67] Hofmann T. Latent semantic models for collaborative filtering[J]. ACM Transactions on Information Systems，2017，22(1)：89-115.

[68] Huang Z，Zeng D，Chen H. A Comparison of Collaborative-Filtering Recommendation Algorithms for E-commerce[J]. IEEE Intelligent Systems，2007，22(5)：68-78.

[69] Zhu M，Yao S. A Collaborative Filtering Recommender Algorithm Based on the User Interest Model[C]//17th IEEE International Conference on Computational Science and Engineering，China，Institute of Electrical and Electronics Engineers Inc，2014：198-202.

[70] Lee J S，Jun C H，Lee J，et al. Classification-based collaborative filtering using market basket data[J]. Expert Systems with Applications，2005，29(3)：700-704.

[71] Resnick P，Iacovou N，Suchak M，et al. GroupLens：an open architecture for collaborative filtering of netnews[C]//ACM Conference on Computer Supported Cooperative Work，USA，ACM，1994：175-186.

[72] Sarwar B，Karypis G，Konstan J，et al. Item-based collaborative filtering recommendation algorithms[C]//International Conference on World Wide Web，HongKong，ACM，2001：285-295.

[73] Ying J C，Lu H C，Kuo W N，et al. Urban point-of-interest recommendation by mining user check-in behaviors[C]//ACM Sigkdd International Workshop on Urban Computing，China，ACM，2012：63-70.

[74] 黄丹．基于张量分解的推荐算法研究[D].北京：北京交通大学，2016.

[75] Kim C，Kim J. A Recommendation Algorithm Using Multi-Level Association Rules[C]//IEEE/WIC International Conference on Web Intelligence，Canada，IEEE Computer Society，2003：524-527.

[76] Zhang D，Hsu C H，Chen M，et al. Cold-Start Recommendation Using Bi-Clustering and Fusion for Large-Scale Social Recommender Systems[J]. IEEE Transactions on Emerging Topics in Computing，2017，2(2)：239-250.

[77] Adeniyi D A，Wei Z，Yongquan Y. Automated web usage data mining and recommendation system using K-Nearest Neighbor (KNN) classification method[J]. Applied Computing & Informatics，2016，12(1)：90-108.

[78] Li J，Wang X，Sun K，et al. Recommendation Algorithm with Support Vector Regression Based on User Characteristics[J]. Lecture Notes in Electrical Engineering，2014，272：455-462.

[79] Liu J，Wu C，Xiong Y，et al. List-wise probabilistic matrix factorization forrecommendation

[J]. Information Sciences, 2014, 278: 434-447.

[80] Covington P, Adams J, Sargin E. Deep Neural Networks for YouTube Recommendations [C]//ACM Conference on Recommender Systems, USA, ACM, 2016: 191-198.

[81] Koren Y. The bellkor solution to the netflix grand prize[J]. Netflix Prize Documentation, 2009,1(1): 81-83.

[82] 于波，陈庚午，王爱玲，等.一种结合项目属性的混合推荐算法[J].计算机系统应用，2017(1): 147-151.

[83] 陈洁，陆锋，翟瀚，等.面向活动地点推荐的个人时空可达性方法[J].地理学报，2015，70(06): 931-940.

[84] 王森. 基于位置社交网络的地点推荐算法[J]. 计算机工程与科学，2016，38(4): 667-672.

[85] Zheng Y, Xie X. Learning Travel Recommendations from User-Generated GPS Traces[J]. ACM Transactions on Intelligent Systems & Technology, 2011, 2(1): 1-29.

[86] Cheng C, Yang H, King I, et al. Fused matrix factorization with geographical and social influence in location-based social networks[C]//AAAI Conference on Artificial Intelligence and the 24th Innovative Applications of Artificial Intelligence Conference, Canada, AAAI, 2012: 17-23.

[87] Liu D, Weng D, Li Y, et al. SmartAdP: Visual Analytics of Large-scale Taxi Trajectories for Selecting Billboard Locations[J]. IEEE Transactions on Visualization & Computer Graphics, 2017, 23(1): 1-10.

[88] Mazumdar P, Patra B K, Babu K S, et al. Hidden Location Prediction Using Check-in Patterns in Location-Based Social Networks[J]. Knowledge and Information Systems, 2018, 57(3): 571-601.

[89] Gao H L, Tang J L, Hu X, et al. Exploring Temporal Effects for Location Recommendation on Location-Based Social Networks[C]//7th ACM Conference on Recommender Systems, Hong Kong, China, 2013: 93-100.

[90] Zhao S, Tong Z, King I, et al. Geo-Teaser: Geo-Temporal Sequential Embedding Rank for Point-of-Interest Recommendation[C]//The 26th International Conference on World Wide Web Companion, Perth, Australia, International World Wide Web Conferences Steering Committee, 2017: 153-162.

[91] Wang L Y, Fan H, Wang Y K. Site Selection of Retail Shops Based on Spatial Accessibility and Hybrid BP Neural Network[J]. ISPRS International Journal of Geo-Information, 2018, 7: 202.

[92] Zhang J D, Chow C Y. Core: Exploiting the Personalized Influence of Two-Dimensional Geographic Coordinates for Location Recommendations[J]. Information Sciences, 2015, 293: 163-181.

[93] Sheng L, Kawale J, Yun F. Deep Collaborative Filtering via Marginalized Denoising Auto-Encoder [C]//24th ACM International Conference on Information and Knowledge Management, Australia, ACM, 2015: 811-820.

[94] Lian D F, Ge Y, Zhang F Z, et al. Content-Aware Collaborative Filtering for Location Recommendation Based on Human Mobility Data[C]//15th IEEE International Conference on

Data Mining，USA，IEEE，2015：261-270.

[95] Ye M，Yin P，Lee W C.Location recommendation for location-based social networks[C]//18th ACM SIGSPATIAL International Conference on Advances in Geographic Information Systems，ACM，New York，NY，USA，2010：458-461.

[96] 宁津生，吴学群，刘子尧. 顾及道路通达性和时间成本的多用户位置推荐[J]. 武汉大学学报：信息科学版，2019(5)：7.

[97] 刘树栋，孟祥武. 一种基于移动用户位置的网络服务推荐方法[J]. 软件学报，2014(11)：2556-2574.

[98] Grewal D，Kavanoor S，Fern E F，et al. Comparative versus non-comparative advertising：A meta-analysis [J]. Journal of Marketing，1997，61 (4)：1-15.

[99] Sm A，Dg B，Nmp C，et al. Regulatory fit：A meta-analytic synthesis [J]. Journal of Consumer Psychology，2014，24 (3)：394-410.

[100] Helberger N，Huh J，Milne G，et al. Macro and Exogenous Factors in Computational Advertising：Key Issues and New Research Directions[J]. Journal of Advertising，2020，49 (4)：377-393.

[101] Boutell M R，Luo J B，Shen X P，et al. Learning multi-label scene classification[J]. Pattern Recognition，2004，37(9)：1757-1771.

[102] Godbole S，Sarawagi S. Discriminative Methods for Multi-labeled Classification[J]. Lecture Notes in Computer Science，2004，3056：22-30.

[103] Lo H Y，Lin S D，Wang H M. Generalized k-labelset ensemble for multi-label classification [C]//2012 IEEE International Conference on Acoustics，Speech，and Signal Processing，Japan，IEEE，2012：2061-2064.

[104] Tsoumakas G，Vlahavas I. Random k-Labelsets：An Ensemble Method for Multilabel Classification [C]//18th European Conference on Machine Learning，Poland，Springer Verlag，2007：406-417.

[105] Read J，Pfahringer B，Holmes G，et al. Classifier chains for multi-label classification[J]. Machine Learning，2011，85(3)：333.

[106] Godbole S，Sarawagi S. Discriminative Methods for Multi-labeled Classification[J]. Lecture Notes in Computer Science，2004，3056：22-30.

[107] Read J，Pfahringer B，Holmes G，et al. Classifier chains for multi-label classification[J]. Machine Learning，2011，85(3)：333-359.

[108] Bogatinovski J，Todorovski L，Džeroski S，et al. Comprehensive comparative study of multi-label classification methods[EB/OL]. (2021-02-14)[2022-01-23]. https://arxiv：org/abs/2102.07113v1. 2021.

[109] Read J，Pfahringer B，Holmes G，et al. Classifier chains for multi-label classification[J]. Machine Learning，2011，85(3)：333-359.

[110] Hüllermeier E，Fürnkranz J，Cheng W W，et al. Label ranking by learning pairwise preferences[J]. Artificial Intelligence，2008，172(16-17)：1897-1916.

[111] Furnkranz J，Hullermeier E，Mencia E L，et al. Multilabel classification via calibrated label ranking[J]. Machine Learning，2008，73(2)：133-153.

[112] Moyano J M, Gibaja E L, Cios K J, et al. Review of ensembles of multi-label classifiers: models, experimental study and prospects[J]. Information Fusion, 2018, 44: 33-45.

[113] Read J. A Pruned Problem Transformation Method for Multi-label Classification[J]. Read J.A pruned problem transformation method for multi-label classification//Proceedings of the New Zealand Computer Science Research Student Conference.New Zealand,2008: 143-150.

[114] 李思男，李宁，李战怀. 多标签数据挖掘技术：研究综述[J]. 计算机科学，2013，40(4): 14-21.

[115] Tsoumakas G, Katakis I, Vlahavas I, Random k-Labelsets for Multilabel Classification[J]. IEEE Transactions on Knowledge & Data Engineering, 2011, 23(7): 1079-1089.

[116] Guo Y H, Gu S C. Multi-label classification using conditional dependency networks[C]//22nd International Joint Conference on Artificial Intelligence, Spain, International Joint Conferences on Artificial Intelligence, 2011: 1300-1305.

[117] Tsoumakas G, Dimou A, Spyromitros E, et al. Correlation-based pruning of stacked binary relevance models for multi-label learning[C]//Proceedings of the 1st International Workshop on Learning from Multi-label Data, 2009: 101-116.

[118] Tenenboim-Chekina L, Rokach L, Shapira B. Identification of label dependencies for multi-label classification[C]//Proceedings of the second International Workshop on Learning from Multi-Label data, 2010: 53-60.

[119] Tsoumakas G, Katakis I, Vlahavas I. Effective and efficient multilabel classification in domains with large number of labels[C]//Proceedings of ECML/PKDD 2008 Workshop on Mining Multidimensional Data (MMD'08), 2008, 21: 53-59.

[120] Huang K H, Lin H T. Cost-sensitive label embedding for multi-label classification[J]. Machine Learning, 2017, 106(9): 1725-1746.

[121] Nasierding G, Kouzani A Z, Tsoumakas G. A triple-random ensemble classification method for mining multi-label data[C]//2010 IEEE International Conference on Data Mining Workshops, IEEE, 2010: 49-56.

[122] Zhang M L, Zhou Z H, ML-KNN: A lazy learning approach to multi-label learning[J]. Pattern Recognition, 2007, 40(7): 2038-2048.

[123] Zhang M L, Zhou Z H, A Review on Multi-Label Learning Algorithms[J]. IEEE Transactions on Knowledge & Data Engineering, 2014, 26(8): 1819-1837.

[124] Blockeel H, De Raedt L, Ramon J.Top-down induction of clustering trees[J].In Proceedings of the Fifteenth International Conference on Machine Learning (ICML 1998). Morgan Kaufmann Publishers Inc., San Francisco, CA, USA, 2000: 55-63.

[125] AndréElisseeff, Weston J.A kernel method for multi-labelled classification[C]//International Conference on Neural Information Processing Systems: Natural & Synthetic. MIT Press, Canada, Neural information processing systems foundation, 2002,14: 681-687.

[126] Zhang M L, Zhou Z H. Multilabel Neural Networks with Applications to Functional Genomics and Text Categorization[J]. IEEE Transactions on Knowledge & Data Engineering, 2006, 18(10): 1338-1351.

[127] Thabtah F A, Cowling P, Peng Y. MMAC: A new multi-class, multi-label associative

classification approach[C]//4th IEEE International Conference on Data Mining（ICDM'04），United Kingdom，IEEE，2004：217-224.

[128] 郑伟，王朝坤，刘璋，等. 一种基于随机游走模型的多标签分类算法[J]. 计算机学报，2010，33(8)：1418-1426.

[129] Chen W J，Shao Y H，Li C N，et al. MLTSVM：A novel twin support vector machine to multi-label learning[J]. Pattern Recognition，2016，52：61-74.

[130] Clare A，King R D. Knowledge discovery in multi-label phenotype data[C]//European Conference on Principles of Data Mining and Knowledge Discovery，Berlin，Heidelberg：Springer，2001：42-53.

[131] Sapozhnikova E P. Art-based neural networks for multi-label classification[C]//8th International Symposium on Intelligent Data Analysis，France，Springer Verlag，2009：167-177.

[132] 北京市统计局. 北京统计年鉴 2013[M].北京：中国统计出版社，2013.

[133] Zhang X，Ma G，Jiang L，et al. Analysis of Spatial Characteristics of Digital Signage in Beijing with Multi-Source Data[J]. International Journal of Geo-Information，2019，8(5)：207.

[134] Xie X，Zhang X，Fu J，et al. Location recommendation of digital signage based on multi-source information fusion[J]. Sustainability，2018，10(7)：2357.

[135] Zhang X，Xie X L，Wang Y X，et al. A digital signage audience classification model based on the Huff model and backpropagation neural network[J]. IEEE Access，2020，99：1.

[136] Yu B，Wang Z，Mu H，et al. Identification of Urban Functional Regions Based on Floating Car Track Data and POI Data[J]. Sustainability，2019，11(23)：6541.

[137] Jiale Q，Zhang L，Yunyan D，et al. Quantify city-level dynamic functions across China using social media and POIs data[J]. Computers，Environment and Urban Systems，2021，85：101552.

[138] Eryando T，Susanna D，Pratiwi D，et al. Standard Deviational Ellipse（SDE）models for malaria surveillance，case study：Sukabumi district-Indonesia，in 2012[J]. Malaria Journal，2012，11(1)：1-2.

[139] Robert S Y. The Standard Deviational Ellipse：An Updated Tool for Spatial Description[J]. Geografiska Annaler，1971，53(1)：28-39.

[140] 蔡雪娇，吴志峰，程炯. 基于核密度估算的路网格局与景观破碎化分析[J]. 生态学杂志，2012，31(1)：158-164.

[141] SILVERMAN B W. Density estimation for statistics and data analysis[M]. NewYork：Chapman and Hall，1986.

[142] Hyun W，Huh M Y，Kim S H，et al. Considerations on audience measurement procedures for digital signage service[J]. International Journal of Control & Automation，2012，5(2)：123-130.

[143] Haase P. Spatial pattern analysis in ecology based on Ripley's K-function：Introduction and methods of edge correction[J]. Journal of Vegetation Science，2010，6(4)：575-582.

[144] MRKVIČKA，TOM Š，GOREAUD，et al. Spatial prediction of the mark of a location-

dependent marked point process：How the use of a parametric model may improve prediction [J]. Kybernetika -Praha-，2011，47(47)：696-714.

[145] 孟斌，张景秋，王劲峰，等. 空间分析方法在房地产市场研究中的应用——以北京市为例[J]. 地理研究，2005，24(6)：956-964.

[146] Besag J E. Contribution to the discussion of Dr. Ripley's paper[J]. Journal of the Royal Statistical Society B，1977，39：193-195.

[147] 贺灿飞，潘峰华. 产业地理集中、产业集聚与产业集群：测量与辨识[J]. 地理科学进展，2007，26(2)：1-13.

[148] 陈泯融，邓飞其. 一种基于自组织特征映射网络的聚类方法[J]. 系统工程与电子技术，2004，26(12)：1864-1866.

[149] Hartigan J A，Wong M A. Algorithm AS 136：A k-means Clustering Algorithm[J]. Journal of the Royal Statistical Society，1979，28(1)：100-108.

[150] Har-Peled S，Kushal A. Smaller Coresets for k-Median and k-means Clustering[J]. Discrete & Computational Geometry，2007，37(1)：3-19.

[151] Bauckhage C. k-means Clustering Is Matrix Factorization[EB/OL]. (2015-11-23)[2021-01-23].https://arxiv.org/abs/1512.07548v1.

[152] Viswanath P，Babu V S. Rough-DBSCAN：A fast hybrid density based clustering method for large data sets[J]. Pattern Recognition Letters，2009，30(16)：1477-1488.

[153] Kumar K M，Reddy A R M. A fast DBSCAN clustering algorithm by accelerating neighbor searching using Groups method[J]. Pattern Recognition，2016，58：39-48.

[154] Tramacere A，Vecchio C. Gamma-ray DBSCAN：a clustering algorithm applied to Fermi-LAT gamma-ray data. I. Detection performances with real and simulated data[J]. Astronomy & Astrophysics，2012，549(1)：705-708.

[155] Łukasik S，Kowalski P A，Charytanowicz M，et al. Clustering using flower pollination algorithm and Calinski-Harabasz index：Evolutionary Computation，2016[C]//2016 IEEE Congress on Evolutionary Computation，Canada，24-29 July 2016，IEEE，2016，2724-2728.

[156] Xu R，Ii D C W. Survey of clustering algorithms[J]. IEEE Transactions on Neural Networks，2005，16(3)：645-678.

[157] Zhang T，Ramakrishnan R，Livny M.BIRCH：An Efficient Data Clustering Method for Very Large Databases[C]//Proceedings of the 1996 ACM SIGMOD International Conference on Management of Data，Montreal，ACM SIGMOD，1996：103-114.

[158] Conti D，Gibert K. Extracting comprehensible patterns from Venezuelan Assets by means of annotated Traffic Light Pannel[J]. Int.j.complex Systems in Science，2014，4：21-26.

[159] Danielsson P E. Euclidean distance mapping[J]. Computer Graphics & Image Processing，1980，14(3)：227-248.

[160] Liu N H. Comparison of content-based music recommendation using different distance estimation methods[J]. Applied Intelligence，2013，38(2)：160-174.

[161] Li DSH，Lv Q，Xie X，et al. Interest-based real-time content recommendation in online social communities[J]. Knowledge-Based Systems，2012，28(2)：1-12.

[162] Huang Y J，Powers R，Montelione G T. Protein NMR recall，precision，and F-measure

scores (RPF scores): structure quality assessment measures based on information retrieval statistics[J]. Journal of the American Chemical Society, 2005, 127(6): 1665.

[163] Tang J J, Jiang H, Li Z B, et al. A Two-Layer Model for Taxi Customer Searching Behaviors Using GPS Trajectory Data[J]. IEEE Transactions on Intelligent Transportation Systems, 2016, 17(11): 3318-3324.

[164] Barr P S, Stimpert J L, Huff A S. Cognitive change, strategic action, and organizational renewal[J]. Strategic Management Journal 1992: 13, 15-36.

[165] Sadeghi B H M. A BP-neural network predictor model for plastic injection molding process [J]. Journal of Materials Processing Technology, 2000, 103(3), 411-416.

[166] Balabin R M, Lomakina E I. Support vector machine regression (SVR/LS-SVM)—an alternative to neural networks (ANN) for analytical chemistry? Comparison of nonlinear methods on near infrared (NIR) spectroscopy data[J]. The Analyst, 2011, 136(8): 1703-1712.

[167] Svetnik V, Liaw A, Tong C, et al. Random Forest : A Classification and Regression Tool for Compound Classification and QSAR Modeling[J]. Journal of Chemical Information & Modeling, 2003, 43(6): 1947-1958.

[168] D'Aspremont A, El Ghaoui L, Jordan M I, et al. A direct formulation for sparse PCA using semidefinite programming[J]. Siam Review, 2007, 49: 434-448.

[169] Pepe M S, Janes H, Gu J W. Use and Misuse of the Receiver Operating Characteristic Curve in Risk Prediction[J]. Circulation, 2007, 116(6): 132.

[170] Hopfield J J. Neural networks and physical systems with emergent collective computational abilities[J]. Proceedings of the National Academy of Sciences, 1982, 79(8): 2554-2558.

[171] Basheer I A, Hajmeer M. Artificial Neural Networks : Fundamentals, Computing, Design, and Application[J]. Journal of Microbiological Methods, 2000, 43(1): 3-31.

[172] Klippel A, Hardisty F, Li R. Interpreting Spatial Patterns: An Inquiry into Formal and Cognitive Aspects of Tobler's First Law of Geography[J]. Annals of the Association of American Geographers, 2011, 101(5): 1011-1031.

[173] Lin W Z, Fang J A, Xiao X, et al.iLoc-Animal: a multi-label learning classifier for predicting subcellular localization of animal proteins[J]. Molecular Biosystems, 2013,9(4): 634-644.

[174] Elghazel H, Aussem A, Gharroudi O, et al. Ensemble multi-label text categorization based on rotation forest and latent semantic indexing[J]. Expert Systems with Applications, 2016, 57: 1-11.

[175] Liu Z, Cui Y, Li W. A Classification Method for Complex Power Quality Disturbances Using EEMD and Rank Wavelet SVM[J]. IEEE Transactions on Smart Grid, 2017, 6(4): 1678-1685.

[176] Bromuri S, Zufferey D, Hennebert J, et al.Multi-label classification of chronically ill patients with bag of words and supervised dimensionality reduction algorithms[J]. Journal of Biomedical Informatics,2014, 51: 165-175.